AVIONS ET HÉLICOPTÈRES DE COMBAT

AVIONS ET HÉLICOPTÈRES DE COMBAT

Auteur
Octavio Díez

Correction / Revision du Texte
Rafael Treviño

Design de la Collection
Eugeni Ruíz

Maquette
Emiliano Borges

Coordination éditoriale
E. Marín

Editions EPB
Rue des Jordils 40
CH-1025 St-Sulpice
tél. +41 (0)21 694 24 44
fax +41 (0)21 694 24 46
info@chronosports.com

ISBN: 2-84917-006-2

Imprimé en Espagne

AVIONS ET HÉLICOPTÈRES DE COMBAT

AVIONS ET HÉLICOPTÈRES DE COMBAT

Octavio Díez

Epb éditions

INDEX

AVIONS DE COMBAT

Introduction 08-09

Les chasseurs bombardiers du XXIème siècle 10-11

L'industrie européenne 12-13

EF-2000 "Typhoon" le futur chasseur européen 14-19

Tornado avion d'attaque européen 20-23

Rafale indépendance et capacité 24-29

Mirage 2000 le dernier "delta" français 30-33

À la recherche de nouveaux marchés 34-35

Les Sukhoi de dernière génération 36-39

MiG-29 Fulcrum succès russe 40-43

JAS-39 Gripen la réponse suédoise 44-47

Harrier capacité de décollage vertical 48-51

L'offre américaine 52-53

F-14 Tomcat chasseur naval 54-57

F-15 Eagle aigle de chasse et d'attaque 58-61

F-16 Fighting Falcon faucon polyvalent 62-67

F-18 Hornet frelon multimission 68-71

Renouvellement technologique 72-73

JSF la solution d'avenir 74-79

Armement air-air 80-83

Les grands bombardiers américains 84-87

La nouvelle génération d'armes air-terre 88-93

Avions de technologie furtive 94-99

AVIONS SPÉCIAUX DE COMBAT

Introduction 102-103

Les avions de transport EADS-CASA 104-107

Le A400M, le défi stratégique européen 108-111

Le C-130 Hercules 112-119

Les avions stratégiques américains 120-127

Les avions européens de patrouille maritime 128-131

Le P-3 Orion, efficace et polyvalent 132-137

Le S-3 Viking, plus qu'un chasseur de sous-marins 138-141
Les avions de ravitaillement en vol 142-147
Le C-101 Aviojet, le réacteur léger espagnol 148-151
Le Hawk, réussite britannique 152-157
L'Alpha Jet, la réussite franco-allemand 158-161
Avions à réaction d'entraînement 162-165
Awacs, les radars volants 166-173
Joint Stars, veille et poursuite des objectifs 174-177
Les systèmes aériens autonomes 178-183
Guerre électronique et reconnaissance 184-187
A la poursuite d'objectifs navals 188-193

HÉLICOPTÈRES DE COMBAT

Introduction 196-197
Les Oiseaux de combat et de transport 198-199
L'Apache, né pour la guerre 200-205
Le BO-105 206-209
AH-1 Super Cobra, trente ans d'évolution 210-215
La Gazelle, pari européen 216-219
Le Tigre, hélicoptère d'attaque 220-225
Le NH-90, la nouveauté du XXIème siècle 226-229
Le Mil, la réponse soviétique 230-235
Le UH-1, quarante ans de service 236-239
Le UH-60, l'hélicoptère militaire plus polyvalent 240-245
Le Sea Knight, transport naval 246-249
Le Chinook et sa capacité d'emport 250-255
Du Stallion au Super Stallion 256-259
Le Super Puma et ses dérivés 260-265
Le V-22 Osprey 266-269
Les opérations aéromobiles 270-273
Les hélicoptères navals américains 274-277
Les hélicoptères navals européens 278-281
Le pouvoir offensif : l'armement 282-287

AVIONS DE COMBAT

AVIONS DE COMBAT

AVIONS DE COMBAT

AVIONS DE COMBAT

**Les chasses exécutent des missions de défenses aériennes et d'attaque de précision.
Les bombardements se concentrent sur des objectifs spéciaux.
Parmi ses prestation sont inclus le vol à Mach 2 ou la capacité de lancement de bombes à plusieurs milliers de kilomètres de sa base.**

CHASSEURS BOMBARDIERS
DU 21ème SIECLE

Voici le F-2 japonais, un développement local inspiré de la conception de l'américain F-16. Les nippons espèrent l'utiliser lors de missions d'attaque et d'entraînement.

La longue période de croissance soutenue des industries aéronautiques, les dernières technologies, et les nouveaux besoins militaires ont rendu propice le développement d'une nouvelle génération d'appareils qui entreront en service d'ici à 2020.

Double origine

Deux grands pôles dominent le marché aéronautique militaire actuel.

La plus grande puissance se concentre aux États-Unis, contrecarrée depuis l'Europe avec quelques efforts unificateurs. Pour compléter le panorama ; les initiatives russes, qui apportent peu de nouveautés et quelques projets concrets réalisés en Asie avec un appui technologique principalement nord américain.

Nouveaux besoins

Les projets en cours d'entreprises comme Boeing ou Lockheed Martin répondent au pari des Forces Armées américaines – et par conséquent à celui des autres nations – de mettre au point de nouveaux modèles de chasseurs et de chasseurs bombardiers qui progressivement remplaceront ceux encore en service.

Les nouvelles générations de la U.S. Air Force, des Marines et de la U.S. Navy offrent une triade complète d'options :

- Le F-22 "Raptor" qui répond aux exigences d'un chasseur stealth à long rayon d'action et à grande capacité offensive.
- Le F-35 ou JSF (Joint Strike Fighter) pensé pour servir les trois éléments, ou le F-18E "Super Hornet", future pièce maîtresse des porte-avions de la Marine Américaine.

Leur introduction permettra la disparition progressive des modèles comme le F-4 "Phanton", F-15 "Eagle", F-16 "Fighting Falcon" ou AV-8 "Harrier" construits sur des plans des années soixante et soixante dix, bien que modernisés par la suite. Le renouvellement affectera d'abord les séries les plus anciennes puis progressivement les plus récentes de sorte qu'aux environs de 2025 -2030 plus aucun modèle actuel ne circulera, y compris le F-117.

Situation militaire

L'Europe rencontre des besoins similai-

Le fameux F-4 "Phantom", qui remporta tant de succès lors de la guerre du Vietnam, continue à voler dans certains pays après avoir subi une profonde modernisation.

res, bien qu'à la compétitivité proprement commerciale s'ajoute celle des gouvernements qui veulent dominer un secteur considéré comme étant stratégique. En ce sens, demeure la rivalité entre EADS (European Air Defense Systems), qui rassemble les efforts allemands, britanniques, espagnols et italiens, et Dassault, fleuron du marché français.

Chasseurs légers et polyvalents

Les propositions européennes, à nouveau en vogue suite au besoin survenu de renouveler les flottes d'avions de combat dans les pays de l'ex bloc de l'Est se centrent sur trois produits stars:

Le premier est le EF-2000 "Tiphoon", qui sera construit à quelques 600 exemplaires pour les forces aériennes des quatre pays membres de EADS.

Des accords ont déjà été signés comme la vente à la Grèce d'un premier lot de 60 unités puis d'un deuxième de 20 ou 40 pour l'instant dans l'attente de livraison, faute de dotation économique.

Ce modèle, au développement plus lent que celui attendu, dépassera substantiellement les avions qu'il doit remplacer et présente l'avantage essentiel du contrôle européen des technologies employées.

Les français, qui dans un premier temps ont misé sur les travaux de partenariat avant d'aboutir à leur propre projet, livrent actuellement à la Force Aérienne et à la Marine Française les premiers exemplaires du "Rafale", dont les multiples qualités laissent augurer un bon accueil sur des marchés d'influence traditionnellement française, comme le Moyen Orient ou l'Asie.

De l'initiative suédoise, totalement autonome en la matière est apparu le chasseur bombardier léger "Grippen", lequel a cependant nécessité des appuis technologiques extérieurs. L'accord commercial qui unit Saab, son fabricant, au britannique British Aerospace est à l'origine d'un succès inattendu qui s'est traduit par la signature de contrats fermes avec plusieurs pays moyennement développés.

Aux alentours des années 2010, un nouveau modèle de pointe de conception allemande verra le jour. Il s'agit de "Mako", réacteur léger conçu pour effectuer des missions d'entraînement avancé de pilotes mais capable d'autres types d'actions. Plusieurs pays, dont l'Espagne, ont déjà manifesté leur intérêt pour cet avion.

La nouvelle génération d'appareils d'origine russe poursuit l'objectif de se maintenir sur le marché mondial avec des modèles prioritairement destinés à l'exportation, vu l'état précaire des réserves financières des anciennes républiques soviétiques.

L'INDUSTRIE
EUROPÉENNE

◀ *Le "Jaguar", appareil d'attaque franco-britannique, l'un des premiers exemples de coopération aéronautique européenne.*

▶ *Le AMX, avion d'attaque léger italien fabriqué sous licence par l'industrie brésilienne. Un succès dont peu de pays peuvent se prévaloir.*

Les circonstances de l'Histoire obligent les différents pays d'Europe à unir leurs efforts en vue d'une véritable union économique et militaire, même si cette dernière prend du retard. Pour ouvrir cette voie, plusieurs accords de coopération industrielle ont été dernièrement passés autour des grands programmes comme celui du chasseur bombardier EF-2000, de l'avion de transport tactique A-400M ou enfin celui du missile air-air "Meteor".

Bénéfice futur

Pour l'ensemble de l'Europe, il est vital d'augmenter son autosuffisance technologique face au géant américain, le plus farouche concurrent sur le marché mondial militaire.

Leadership technologique

Les progrès sur ce terrain, étroitement liés également à d'autres secteurs de l'industrie, requièrent des investissements considérables, ce qui fait que le radar, les moteurs ou le système d'autodéfense électronique du EF-2000 sont des produits de développement de base européen.

Ainsi, on trouve d'un côté la Grande Bretagne, l'Italie, l'Espagne et l'Allemagne unies dans le consortium EADS, de grande puissance productive. De l'autre, on notera l'accord qui unit les Suédois aux Britanniques autour du "Grippen". La France quant à elle, persévère dans une position indépendante qui, à la longue, s'avèrera plus dommageable que bénéfique.

Nouveaux marchés

La lente intégration des pays de l'Est à la sphère socio-économique occidentale préfigure un marché plus élargi. Les gouvernements de cette zone ont lancé des programmes d'acquisition de nouvelles générations de chasseurs qui, grâce à d'opportunes alliances à court et moyen terme, tenteront de soulager la congestion de leurs industries respectives ; c'est le cas des Polonais, qui ont vendu à l'espagnol EADS CASA leur ancienne division d'avions de transports.

Union d'entreprises

En dépit des efforts conjoints –les travaux sur diverses familles européennes d'hélicoptère de transport, d'attaque et de combat naval progressent de façon satisfaisante– les intérêts européens sont variés et souvent en opposition. Preuve en est que plusieurs nations –de l'Italie à la Turquie– se sont raccrochées au wagon du JSF américain. Toutefois, de suffisantes perspectives de renouvellement demeurent pour pouvoir envisager l'apparition d'une génération de réacteurs d'attaque et d'entraînement d'ici à 2012 et d'un nouveau chasseur bombardier au cours de la décennie suivante.

AMX
ATA

EF-2000 "TYPHOON",
LE FUTUR CHASSEUR EUROPÉEN

Le EF-2000 "Typhoon" –également connu sous le nom de "Eurofighter"– sera le principal chasseur bombardier des Forces Aériennes d'Allemagne, d'Espagne, d'Italie et du Royaume-Uni d'ici à 2030.

Conception du Design :
Avec une attention particulière portée à leur aile de faible charge, leur rapport poids/poussée élevé, la minimisation de leur signature radar ou encore à l'optimisation ergonomique de leur cabine, les versions monoplaces et biplaces du "Typhoon" sont conformes aux normes ESR-D: bimoteur supersonique à la configuration d'aile delta et canards autorisant des manœuvres de combat impossibles sur des modèles de conception antérieure.

Capteurs perfectionnés
Un radar digital multimode de troisième génération –mis au point par le consortium Euroradar, composé du britannique GEC Marconi, de l'espagnol ENOSA du Groupe INDRA, de l'italien FIAR et de l'allemand Telefunken Systemtechnik– opère en impulsions Doppler et intègre de sensibles avancées technologiques sur l'antenne, le transmetteur et le processeur de signaux. L'ensemble complété par un système infrarouge de recherche et guidage et par un équipement de guerre électronique DASS (Defensive Aids Sub-System) capable de répondre automatiquement ou manuellement, à de multiples menaces. Cet équipement inclut un système ESM/ECM, des détecteurs d'alerte radar et des dispositifs de lancement de leurres et de traceurs à flamme interférents, le tout coordonné au moyen d'un ensemble intégré d'avionique qui confère au pilote la capacité maximale de gestion tant de la situation tactique que du vol. S'agissant précisément du vol, le pilote

◄ *Le processus de mise au point commune du "Typhoon" promet de larges possibilités évolutives au cours des prochaines décennies.*

► *Dans la configuration du casque ont été introduites des nouveautés techniques qui réduisent la charge de travail supportable et augmentent le niveau d'information.*

dispose d'un moyen de contrôle digital ACT (Active Control Technology) du type Fly-By-Wire basé sur divers ordinateurs qui régulent une aérodynamique conçue instable pour lui apporter les plus hauts degrés d'agilité grâce a l'incorporation de deux turboréacteurs EJ 200 de conception spécifique.

Cabine optimisée

Le poste de pilotage intègre un siège éjectable Martin Baker MK16A et une planche de bord munie de trois grands écrans multifonction de présentation couleur (Multi-Function Head Down Displays –MHDDs–) qui affichent des informations tactiques, l'état des différents sous-systèmes et les cartes du terrain combinées aux procédures de trafic aérien. Un viseur HUD (Head-Up Display) révèle des informations basiques de vol, tandis que le HMS (Helmet Mounted Symbology), intégré dans le casque, incorpore quant à lui, assistants à la vision nocturne et protection contre les menaces optiques.

Le VTAS (Voice-Throttle-And-Stick) facilite des actions complexes durant les périodes de grande activité. Le manche à balai commande des fonctions relatives à la gestion des capteurs et des armes, les aides défensives et le vol. Le DVI (Direct Voice Imput) permet d'effectuer des changements dans les modes de présentation du HUD et des MHDD, de choisir des cibles et des fréquences radio et de changer de fonctions, verbalement.

Les problèmes de limitation budgétaire pour la production du EF-2000 en Allemagne ont retardé de plusieurs années son entrée en service.

La puissance de ses deux moteurs autorise le décollage sur de courts tronçons de pistes et le transport de charges sur de très longues distances.

Capacité d'armement

Au total, 13 points d'ancrage permettent d'installer au maximum 6,5 tonnes d'armement divers.

En missions air-air l'appareil peut transporter jusqu'à 6 missiles de portée moyenne et un guidage radar "Meteor" ou AMRAAM (Advanced Medium Range Air to Air Missile) dans des logements spécifiques du fuselage et sur des supports situés sous les ailes ; une autre option serait celle des 6 missiles à courte portée et guidage infrarouge ASRAAM (Advanced Small Range Air to Air Missile) et d'un canon Mauser de 27 millimètres.

Pour les missions air-terre, l'appareil dispose de 7 stations d'ancrage pour bombes à chute libre, systèmes autonomes "Brimstone", bombes guidées, missiles air-terre, armes anti-navire comme le "Harpoon" et le "Penguin", indicateurs laser et divers containers d'équipement associés. Il peut également lancer des missiles de type croisière comme le"Storm Shadow".

Expérience appréciée

La polyvalence de cet appareil a suscité l'intérêt de plusieurs forces aériennes, parmi lesquelles, la norvégienne, la grecque et l'autrichienne.

Les premiers exemplaires de ce que l'on appelle Tranche 1 –modèle 1– ont commencé à être livrés au cours de l'année 2002 aux quatre pays impliqués dans le projet. Plus tard entreront en service au total 620 exemplaires –100 de ces biplaces– qui garantissent la production jusqu'en 2014 ; 148 du premier lot, 236 du second et le même nombre du troisième pour lequel ont été avancées des solutions telles qu'un radar de type AESO et des réductions significatives précisément dans sa partie radar via l'emploi de matériaux absorbants type RAM. Parallèlement, on valorise l'option d'une turbine à poussée vectorielle qui, associée à des modifications structurelles, permettra de maintenir une vitesse de croisière supersonique de l'ordre de Mach 1,3.

L'expérience de ce programme servira de base au nouvel ETAP (European Technology Adquisition Program) permettant la fabrication prochaine de 1.000 avions de nouvelle conception polyvalente qui pourrait même faire abstraction de pilote.

Le missile air-air de longue portée "Meteor" sera l'un des principaux atouts du "Typhoon" pour affronter d'autres avions de combat et les détruire avant que sa présence ne soit repérée sur la zone.

Caractéristiques techniques du Tranche 1

Prix :	70 millions de dollars
Dimensions :	
Longueur	15,96 m
Hauteur	5,28 m
Envergure avec les lanceurs de missiles	10,95 m
Surface voilure	50 m²
Surface "canards"	2,40 m²
Poids :	
À vide	10.995 Kg
Maximum	23.000 Kg
Charge maximum externe	6.500 Kg
Combustible interne	4.900 Kg
Combustible externe	4.500 Kg
Propulsion :	Turbofan Eurojet EJ 200 de 9.000 Kg de poussée unitaire
Prestations :	
Plafond en service	15.000 m
Vitesse à haute altitude	Mach 2
Vitesse à basse altitude	Mach 1
Course de décollage	700 m
Portée d'interception	600 Km
Portée de déplacement	3.000 Km
Facteur de charge de concept	9 / -3 g´s

EMERGENCY RELEASE
EXPLOSIVE CANOPY
CAUTION

TORNADO,
AVION D'ATTAQUE EUROPÉEN

Détail des deux propulseurs de cet avion d'attaque européen capable de voler avec grande précision à très basse altitude.

Conçu pour contrecarrer les menaces terrestres liées à une possible attaque à grande échelle des forces du Pacte de Varsovie, le Tornado a évolué dans ses versions successives vers l'exécution de missions air-air et air-terre.

Multinational

Le projet du Tornado a débuté au milieu des années 60 au sein de l'Organisation du Traité de l'Atlantique Nord (OTAN), l'objectif étant de fournir à ses membres un appareil capable de réaliser des attaques de précision sans être détecté par les radars ennemis ni abattu par leurs systèmes antiaériens. En juillet 1968, débutèrent les études de viabilité qui rassemblaient les gouvernements d'Italie, d'Allemagne, de Grande Bretagne, de Belgique, du Canada et des Etats-Unis. Les trois premières nations citées poursuivirent le projet. Le premier des neuf prototypes de validation décolla au mois d'Août 1974. Suite à l'accord d'un programme de fabrication commun auquel participaient un grand nombre d'entreprises emmenées par le britannique British Aerospace, l'allemand DASA et l'italien Alenia, un centre d'entraînement multinational fut établi sur la Base de la Force Aérienne Britannique (RAF) à Cottesmore.

Production

Les livraisons d'escadrons opérationnels débutèrent en 1982. En 1989, au moment où l'on décidait d'améliorer les exemplaires GR.1 de Grande Bretagne fut livré le dernier des appareils IDS destinés à l'Italie et à l'Allemagne. En janvier 1992 le dernier des ECR allemands fut disponible et en novembre de la même année s'acheva la production pour la RAF. Au cours des cinq ans suivants, l'industrie britannique passa un contrat avec l'Arabie Saoudite, qui venait s'ajouter à un autre conclu au milieu de la dernière décennie.

Actuellement on applique aux appareils allemands un procédé MLI (Mid Life Update) qui inclut une nouvelle structure de l'avionique et un nouvel équipement associé comme le container à dispositif laser de repérage Rafael ou l'indicateur infrarouge FLIR. Les Italiens envisagent une solution semblable.

Une des dernières améliorations a été l'incorporation du container RAPTOR sur les Tornados britanniques, leur permettant d'opérer avec des bombes à guidage laser tant de jour comme de nuit.

La déclaration d'opérativité de l'ensemble, qui permet d'obtenir des précisions infé-

Le Tornado peut encore maintenir ses prestations jusqu'aux environs de 2020, mais il est certain que quelques pays décideront de le retirer avant du service actif.

rieures à 3 m, est prévue pour la fin 2003 au moment même où se termineront les travaux d'amélioration sur le 142 GR4 qui prolongeront sa durée de vie jusqu'en 2020.

Spécialisé

Volant à 540 nœuds et à moins de 20 pieds d'altitude, des formations de Tornado britanniques armés de lanceurs de sous-munitions JP233 entamèrent les attaques contre les bases aériennes iraquiennes dans la nuit du 17 janvier 1991.

Il s'agissait de l'opération multinationale "Tempête du Désert", qui se solda par des pertes considérables parmi les attaquants en raison de la saturation d'armes et des systèmes de missiles défensifs.

Cependant, les Tornado IDS démontrèrent une capacité optimale de pénétration grâce à la possibilité de varier leur flèche d'aile en fonction de la vitesse et de la hauteur de vol.

Attaque et défense

La version la plus sophistiquée du modèle IDS est le britannique GR.4, dont la mise au point le rend difficilement détectable. Le pilote dispose du soutien d'un afficheur frontal de données HUD de type holographique qui permet de superposer des images obtenues par le FLIR, Par ailleurs, il compte sur une avionique modifiée compatible avec l'utilisation de lunettes de nuit de 3ème génération et configurée avec des écrans multifonction qui proposent de l'information digitale aussi bien des cartes de vol que des systèmes associés. Enfin, il fait confiance à la précision des nouveaux équipements de positionnement par satellite GPS.

Le copilote est responsable du système d'indications grâce auquel il pourra lancer des bombes télécommandées à partir d'une distance de sécurité, de même qu'il contrôle les contre-mesures électroniques activées

▲ *La capacité de transport et de vol à basse altitude l'autorise à transporter et lancer les missiles de croisière "Storm Shadow" optimisés pour attaquer des cibles fixes hautement stratégiques et dont la position est préalablement connue.*

▶ *Sur la Base américaine de Nellis sont rassemblées à certaines périodes des formations d'appareils de ce type pour s'entraîner dans leurs excellents polygones.*

par un dispositif d'alerte radar Marconi Zeus.
La variante ADV, en cours d'actualisation, intègre des sous-systèmes comme le AWS, ADMS et SPILS qui optimisent son fonctionnement en tant qu'avion de défense aérienne et a reçu des plaques de revêtement absorbant pour réduire sa signature radar. Il opère avec un radar Marconi "Foxhunter" à impulsions Doppler qui comprend un interrogateur IFF et peut détecter ses objectifs à 185 Km de distance.

Variantes

Modèle	Utilisateurs	En service	Mission
IDS	Allemagne, Italie et Arabie Saoudite	1982	Chasseur bombardier d'attaque tout temps
IDS	Marine Allemande	1982	Attaque anti-navire et reconnaissance sur zone
ECR	Allemagne et Italie	1990	Guerre et reconnaissance électronique.
GR1	Grande Bretagne	1982	Chasseur bombardier d'attaque tout temps
GR1A	Grande Bretagne	1987	Reconnaissance tactique tout temps
GR4	Grande Bretagne	2000	Chasseur bombardier d'attaque tout temps optimisé pour l'usage nocturne
GR4A	Grande Bretagne	2001	Reconnaissance tactique tout temps avec capacité de transmission de données en temps réel
ADV Mk3	Grande Bretagne et Arabie Saoudite	1986	Intercepteur tout temps, chasseur de supériorité aérienne et avion de patrouille de combat.

Offensif

Avec une capacité de charge externe supérieure à 8 tonnes, la variante IDS combine deux canons Mauser de 27 millimètres avec lanceurs de sous-munitions MW-1 et JP233, bombes laser Paveway et autres sous-munitions BL755, missiles guidés AGM-65 "Maverik", missiles anti-navire "Sea Eagle" et "Kormoran", lanceurs de fusées et bombes à chute libre, comptant sur deux missiles AIM-9 "Sidewinder" et ASRAAM pour son autodéfense.

Le ADV intègre un seul canon de 27 mm, les "Sidewinder" et 6 missiles de moyenne portée Hughes AIM-120 "AMRAAM". Dans le ECR sont ordinairement installés des containers de contre-mesures électroniques et distributeurs de traceurs à flamme interférents, des missiles anti-radiation "Harm" et des tanks de combustible de secours.

Puissant

Le modèle d'attaque est équipé de deux moteurs turbofan Turbo-Union RB199-34R qui dans leur variante Mk103 produisent une poussée unitaire de 6.750 Kg, optimaux pour garantir un vol sans problème à basse altitude où son équipement de suivi automatique de terrain, qui combine radar et navigateur inertiel, lui confèrent des prestations de haute qualité.

Le modèle destiné à la défense aérienne intègre deux turbofans de la variante Mk104 de 6.940 Kg de poussée unitaire, tandis que le ECR de guerre électronique intègre la version Mk105 du RB199 qui produit 10% de plus de poussée que le modèle initial.

Caractéristiques

	Variante IDS	Variante ADV
Coût en dollars:	35 millions	42 millions
Dimensions :		
Longueur	16,70 m	18,10 m
Hauteur	5,95 m	5,95 m
Envergure ailes flèche maximum	8,60 m	8,60 m
Envergure ailes flèche minimum	13,91 m	13,91 m
Surface de voilure	26,60 m^2	26,60 m^2
Poids :		
À vide	13.890 Kg	14.500 Kg
Maximum	27.950 Kg	27.986 Kg
Charge maximum externe	9.000 Kg	8.500 Kg
Combustible interne	5.830 l	6.580 l
Combustible externe	4.500 l	4.500 l
Propulsion :	2 turbofans Turbo-Union RB199-34R Mk103 d'une poussée unitaire de 6.750 Kg	2 turbofans Turbo-Union RB199-34R Mk104 d'une poussée unitaire de 6.940 Kg
Prestations :		
Plafond en service	15.000 m	15.000 m
Vitesse à haute altitude	Mach 2,2	Mach 2,2
Vitesse à basse altitude	Mach 1,22	Mach 1,22
Course de décollage	900 m	700 m
Portée de combat	1.390 Km	1.390 Km
Portée de déplacement	3.890 Km	3.890 Km
Facteur de charge de conception	7,5 g's	7,5 g's

RAFALE
INDÉPENDANCE ET CAPACITÉ

◀ *Les Rafale accréditent la proverbiale vocation indépendante du gouvernement français en matière de Défense.*

▶ *Les nouveaux capteurs intégrés améliorent les prestations de leurs prédécesseurs et offrent au pilote plus d'information sur d'éventuels objectifs.*

Malgré l'implication initiale de la France dans le projet de construction commun d'un chasseur bombardier européen du nom d'A.C.E. (Avion de Combat Européen), les pressions de sa puissante industrie de Défense, l'autarcie toujours préconisée par son gouvernement et le besoin d'un produit phare de l'exportation qui réactiverait d'autres secteurs, ont motivé la décision de réaliser un projet purement national intégrant à la fois un biplace d'attaque tactique et un monoplace intercepteur multifonction.

Prototypes

Tandis qu'elle collaborait à la conception de l'A.C.E., l'usine Dassault continua à développer un nouveau chasseur bombardier de sa propre fabrication. Le premier prototype du Rafale décolla en juillet 1986, bien qu'équipé de moteurs américains General Electric F404 –les mêmes que ceux du F-18– car les moteurs français SNECMA M88 ne pouvaient être disponibles avant février 1990.

Validation

Le modèle C (monoplace) prit son envol en Octobre 1991 et le M (Marine) en décembre de la même année, suite à de longs essais dont des lancements catapultés sur la Base Américaine de Patuxent River et des appontages sur le porte-avion "Foch". En février 1993, décolla un prototype biplace déjà équipé du radar Thomson-CSF/Dassault Electronique à balayage électronique RBE2 (Radar à Balayage Electronique) et du système défensif Spectra.

Prévisions

L'idée de départ, proposée sur plusieurs marchés, était la vente d'un demi millier d'unités. Mais jusqu'à maintenant les seuls utilisateurs restent la Force Aérienne et la Marine française qui, suite aux restrictions budgétaires, ont ramené leurs prévisions d'achat à 234 et 60 unités respectivement.

DASSAULT
AVIATION

Les prises situées sur les deux flancs du fuselage combinent leur qualité furtive avec l'ouverture idéale pour le flux d'air aux turbines.

Les appareils de modèle M –standard F1– furent les premiers livrés pour le porte-avion nucléaire "Charles de Gaulle". Certains d'entre eux se sont déployés dans la Flottille 12F lors de la campagne d'Afghanistan de 2001-2002, bien qu'à titre expérimental plus que pour une participation réelle. L'Armée de l'Air a également reçu une partie des 36 commandes, dans un processus qui s'étendra probablement jusqu'en 2010.

Opérationnel

Ces appareils peuvent changer rapidement de configuration opérationnelle et exécuter des actions de jour comme de nuit dans toutes les conditions météorologiques. Leurs missions de courte et de moyenne portée incluent attaque au sol, défense et supériorité aérienne, reconnaissance et attaque de haute précision, et ce aussi bien à l'aide d'armements conventionnels que nucléaires ; le radar RBE2, capable de localiser jusqu'à huit cibles, restant dans ces deux types de missions l'élément de base.

La maquette illustre le système d'éjection du pilote en cas d'urgence.

Intégration

Ce chasseur polyvalent léger intègre des processeurs qui permettront au pilote de gérer la plupart des systèmes grâce au levier de contrôle HOTAS (Hands on Throttle And Stick). Doté d'un ILS (Integrated Logistic Suport), son aérodynamique efficace intègre divers raffinements pour réduire sa signature radar de manière significative.

Moyens sophistiqués

Ses ordinateurs de missions contrôlent des paramètres concernant le vol, les moteurs, les capteurs tactiques, le plan d'action, les systèmes d'autoprotection, le support vital, la navigation et les transmissions de données chiffrées. La parfaite intégration homme-machine est garantie à la fois grâce à la position du siège de pilotage, au générateur autonome d'oxygène OBOGS, à la haute définition des planches de bord multicolores, au siège éjectable SEMMB Mk16 incliné à 29°, ou enfin grâce au viseur intégré dans le casque.

Contrôle

Un système digital FCS assure une stabilisation naturelle de l'appareil sur trois axes et un pilotage sûr grâce au contrôle automatique des modes et des éléments associés comme le pilote automatique, l'altimètre ou le système de guidage inertiel. Une capacité alliée à la puissance de ses deux propulseurs de construction modulaire SNECMA M88 qui, malgré leur petite taille et leur légèreté par rapport à d'autres conceptions conventionnelles, offrent un rapport puissance/poids élevé et permettent d'effectuer des missions de longue durée sans restriction, avec la garantie d'un haut degré d'autonomie, d'une faible consommation spécifique. Les coûts de maintenance sont également réduits.

Caractéristiques techniques du modèle C	
Coût en dollars :	45 millions
Dimensions :	
Longueur	15,30 m
Hauteur	5,30 m
Envergure	10,80 m
Surface de voilure	45,70 m²
Poids :	
À vide	10.000 Kg
Maximum	24.500 Kg
Charge maximum externe	9.500 Kg
Combustible interne	4.500 Kg
Combustible externe	7.500 Kg
Propulsion :	Deux réacteurs à double débit SNECMA M-88-2 d'une puissance cumulée de13.800 Kg de poussée
Prestations :	
Plafond en service	18.000 m
Vitesse à haute altitudea	Mach 1,8
Vitesse à basse altitude	Mach 1
Course de décollage	450 m
Portée d'interception	1.852 Km
Portée de déplacement	4.000 Km
Facteur charge de conception	9 g's

La solide configuration du train d'atterrissage avant permet de réaliser atterrissages et décollages sur les porte-avions.

Une partie des équipements de guerre électronique est logée dans ce container de la partie plate de la queue, sans gêne pour d'autres systèmes situés dans le fuselage.

▲ *La mer sera le théâtre habituel de ces appareils après leur adaptation et leur livraison au porte-avions nucléaire français "Charles de Gaulle".*

▼ *Une trentaine de ces appareils polyvalents constitueront les flottes embarquées sur les porte-avions français.*

MIRAGE 2000
LE DERNIER "DELTA" FRANÇAIS

Le Mirage 2000 est apparu dans la lignée traditionnelle de chasseurs amorcée avec les Mirage III et F1 et comme réponse la plus économique au projet ACF (Avion du Combat Futur), annulé pour des raisons budgétaires. Ses ventes ont maintenu la France au rang de troisième pays exportateur d'armes au monde.

Développement

Fabriqué par l'usine Dassault Aviation, son vol inaugural eut lieu sur la base d'Istres le 10 mars 1976. Une variante spécifique de pénétration nucléaire fut présentée en février 1983 et en octobre 1990 sortit le polyvalent 2000-5.

Livraisons

Les 22 premiers appareils ont été commandés sur le budget de la défense française de 1980 et le premier escadron d'exportation déclaré opérationnel en 1985. Huit pays, parmi lesquels les Emirats Arabes Unis, le Qatar ou Taiwan, ont passé commande d'un peu moins de six cents exemplaires de ces avions sortis d'une chaîne de production que l'on espère maintenir active jusqu'en 2005.

Polyvalence

Suite à l'adaptation de sa conception initiale comme intercepteur pur, le Mirage 2000 s'est révélé capable de mener avec succès de multiples missions de combat : interception lointaine

▲ *Détails comme le radar RDY, système de navigation et d'attaque amélioré où les contre mesures intégrées caractérisent le Mirage 2000-5.*

◀ *Les éléments de présentation de la cabine du Mirage 2000, relativement plus spacieuse que celle de ses prédécesseurs, intègrent la dernière technologie disponible*

défense et supériorité aérienne, pénétration à grande distance et interdiction de forces ennemies, attaque d'objectifs hautement stratégiques, neutralisation de bases aériennes à l'aide d'armes anti-pistes, contrôle du trafic naval, reconnaissance et attaque nucléaire tactique et stratégique.

Evolution

Les premiers modèles intégraient le radar multimode Thomsom-CSF RDM et les derniers le Dassault Electronique/Thomson-CSF RDI à impulsions doppler, tous deux d'une portée estimée de 100 kilomètres et à même d'opérer en milieux saturés de contre mesures électroniques.

Equipement

Le pilote, installé sur un siège éjectable Martin-Baker F-10Q, fabriqué en France sous licence, dispose d'un système de contrôle de vol "Fly-by Wire", et compte avec le soutien d'un pilote automatique SFENA. Enfin, grâce à l'équipement d'air conditionné ABG-Semca, il remplit confortablement sa mission dans sa cabine sophistiquée.

Propulsion

Ces modèles intègrent un unique turbofan SNECMA M53-P2, à l'accélération remarquable, grâce auquel ils peuvent voler à basse altitude à une vitesse proche de Mach 1 et dépasser Mach 2 à haute altitude. Leur puissance de poussée est de 9.690 Kg avec postcombustion, puissance qui passe à 9.900 sur la variante P20, et 6.500 sans post combustion.

Armement

Leur armement air-terre combine bombes à chute libre de 250 Kg à guidage laser de 1.000 Kg, anti-pistes Durandal et BAP 100,

▶ *Le radar qui équipe ce chasseur français est le résultat des dernières avancée technologiques.*

▼ *La variante Mirage 2000N, conçue pour d'éventuelles incursions nucléaires dans la profondeur du territoire ennemi.*

dispensatrices de sous-munitions Belouga, missiles APACHE de croisière et de longue portée, AS30L à guidage laser et haute précision, anti-radar Armat, anti-navire AM39 "Exocet" et, sur la variante N de pénétration nucléaire, le ASMP à tête nucléaire

Mirage 2000-5

Le premier de ces avions Mirage 2000-5 destiné à la France a décollé le 26 février 1996. Dernièrement, le Brésil l'a consciencieusement évalué dans l'objectif d'acquérir une vingtaine de ces d'appareils, premier lot d'une commande totale proche de la centaine d'unités.

Multifonction

Chasseur multifonction principalement destiné à des actions air-air, il est équipé d'un radar multimode Thomson-CSF RDY capable de détecter simultanément 24 objectifs et suivre les 8 plus dangereux ; il dispose également du système intégré de contre mesures électroniques ICMS qui ne nécessitent pas de containers externes. Le poste de pilotage intègre un viseur à tête haute HUD/HLD, un viseur à tête basse HD dans lequel le pilote peut vérifier la situation tactique, deux afficheurs de données latéraux, un écran central où sont projetés les données en provenance du radar, et un système de contrôle de vol HOTAS.

Caractéristiques techniques du 2000C	
Coût en dollars :	34,5 millions
Dimensions :	
Longueur	14,16 m
Hauteur	5,20 m
Envergure	9,13 m
Surface voilure	41,00 m²
Poids :	
À vide	7.500 Kg
Maximum	17.000 Kg
Charge maximum externe	6.300 Kg
Combustible interne	3.978 Kg
Combustible externe	4.700 Kg
Propulsion :	Un turbofan SNECMA M53-P2 de 9.690 Kg de poussée
Prestations :	
Plafond en service	16.460 m
Vitesse à haute altitude	Mach 2,2
Vitesse à basse altitude	Mach 0,9
Vitesse d'approche	259 Km/h
Course de décollage	457 m
Portée d'interception	1.480 Km
Portée de déplacement	3.333 Km
Facteur de charge de conception	9 g's

À LA RECHERCHE
DE NOUVEAUX MARCHES

La République Tchèque a mis au point le L-159, variante d'un appareil d'entraînement à réaction capable d'autodéfense et d'attaque de cibles terrestres et maritimes.

La désintégration de l'URSS a débouché sur la pénurie budgétaire qui aujourd'hui frappe la Force Aérienne russe et d'autres environnantes, contraignant les industries aérospatiales post-soviétiques à rechercher de nouveaux clients comme la Chine ou l'Inde, dont les commandes importantes, surtout d'avions Sukhoi, ont servi à palier la crise du secteur.

Projets d'avenir

Tandis que les bénéfices générés permettent d'assumer peu à peu les programmes d'avenir, les tentatives d'expansion vers l'Amérique Latine (Brésil, Chili...) ont été compromises en raison du piteux état des économies de ces pays ou des scandales comme celui des MiG-29 péruviens. Toutefois, de nouveaux projets résolument compétitifs sont en train de voir le jour face aux propositions occidentales, surtout à cause des "généreuses" contreparties en armement ultramoderne inclues dans le "lot" proposé avec les avions.

Marché interne

Au cours des prochaines années, la Russie commencera à acquérir de nouveaux chasseurs bombardiers de dernière génération et à mettre à jour certains appareils encore en service, même si auparavant, elle devra surmonter ses difficultés actuelles, aggravées par la pénurie de pièces de rechange et de combustibles ou le faible niveau de formation des pilotes.

L'injection de fonds en provenance des États-Unis et de l'Europe comme conséquence de divers accords politiques et de destruction de systèmes nucléaires améliorera le panorama. Entre temps, un chasseur perfectionné "stealth" est déjà actuellement à l'étude pour répliquer au "Raptor" américain et au EF-2000 européen, mais ne sera pas disponible avant la fin de la présente décennie.

Prévisions changeantes

On a mesuré les intentions des consortiums européens et américains, mais ces derniers ont déjà une bonne part de leur production assurée par leur propre marché interne. Certains pays d'Asie et d'Afrique, clients traditionnels de l'ancienne URSS se montrent quant à eux plus réceptifs.

Le meilleur atout est l'opportunisme.

Face aux critères purement techniques, il faut profiter des facteurs politico-économiques qui conditionnent les achats de nombreux gouvernements, comme, par exemple, les veto et restrictions qu'imposent certains états producteurs à d'autres considérés comme hostiles ou peu proches.

▲ *L'Italie et le Brésil ont choisi des solutions intermédiaires et moins coûteuses. L'AMX en est un bon exemple.*

▶ *A travers le monde circulent encore de nombreux avions ayant une faible marge de vie utile. Les F-5B espagnols, malgré leur modernisation, ne pourront pas voler au delà des années 2010-2015.*

LES SUKHOI
DE DERNIÈRE GÉNÉRATION

La réponse russe aux progrès occidentaux en matière d'aviation de combat est déjà en marche. Les derniers modèles d'aéronefs sortis de l'usine Sukhoi impressionnent par leur design, leurs capacités, leur maniabilité et leur sophistication.

Réponse d'entreprise
L'établissement, à la fin de l'année 2001, du groupe JSC Sukhoi Aviaton Holding a octroyé indépendance à la compagnie russe qui a pu renouer avec la tradition exportatrice initiée grâce aux Su-15, Su-17, Su-20 et Su-22, vendus à des pays tels que l'Afghanistan, l'Angola, la Tchécoslovaquie, l'Algérie, l'Egypte, la Pologne, la Syrie, le Yémen et le Vietnam, entre autres.

Progrès
L'implantation remarquable des modèles a rendu propice le projet d'un nouvel avion d'attaque connu dans ses versions opérationnelles comme Su-19 "Fencer" A et Su-24 "Fencer B". Construits à plus de 900 exemplaires dans l'usine de Komsomolsk, leur impressionnante capacité à neutraliser des positions terrestres en volant à basse altitude à motiver le développement des variantes M avec radar de suivi du terrain, MR de reconnaissance et guerre électronique et MP de perturbation électronique, variantes mises en service dans les années 80.

Avion d'attaque léger
Utilisé au combat lors de la guerre d'Afghanistan, le Su-25 "Frogfoot" est un petit avion spécialisé dans les missions de soutien rapproché et dans l'attaque de troupes terrestres. En 1991 est apparu le Su-25T, optimisé pour l'attaque de riposte. Il a été remplacé par le bimoteur d'attaque léger Su-39, doté d'un système intégré de navigation et de contrôle de feu.

Intercepteur
Connu sous le nom de "Ram-J" jusqu'à sa détection par les satellites espions américains, le Su-27 "Flanker" consacre le potentiel russe dans le domaine des intercepteurs hautement perfectionnés. Il fut conçu à l'origine par Pavel Sukhoi en 1969 et vola pour la première fois en 1981. Le Su-27UBM est sa dernière variante. Il possède une vitesse maximale élevée, intègre

◀ Cet appareil, adapté à l'environnement naval, capable d'opérer sur des porte-avions, illustre les tentatives de redressement russes après la chute de l'URSS.

▼ La cabine du Su-32 accueille en position parallèle le pilote et l'opérateur d'armes.

tous types de missiles air-air et son rayon d'action est évalué à environ 1.500 km. De ce modèle est dérivé le chasseur de supériorité aérienne Su-30K, un biplace opérationnel en toutes conditions atmosphériques. Il intègre un radar Doppler, capable de détecter 10 cibles dans un rayon de 100 Km et un système optronique et infrarouge de contrôle de feu.

Vers un élargissement de l'offre

La nécessaire évolution de futurs projets qui garantiront la viabilité économique de cette compagnie l'a conduite vers d'autres propositions d'élargissement du marché.

Maritime

L'avion d'attaque naval de longue portée Su-32FN est un biplace à cabine blindée dans laquelle le pilote et l'opérateur d'armes sont assis l'un à côté de l'autre. La grande distance entre les deux moteurs favorise son aérodynamique et son train d'atterrissage avant, renforcé par deux roues en tandem, lui permet d'aborder des pistes mêmes improvisées. Connu auparavant sous le nom de Su-27IB et en démonstration au Bourget en 1995 et 1997, il est conçu pour attaquer des cibles navales comme des navires de surface et des sous-marins ennemis. Certains retards se sont accumulés au cours de son développement de sorte qu'il ne sera pas disponible avant 2004.

Futur

Un des paris les plus sûrs est le Su-35, version perfectionnée du "Flanker" à poussée vectorielle et capacité multifonction. Autre pari, le modèle expérimental Su-37, capable à la fois de rechercher des cibles aériennes et terrestres et de transporter des missiles air-air R-37 et KS-172, air-

▶ *Les prestations polyvalentes du chasseur bombardier Su-30Mk sont à la hauteur de celles de ses homologues occidentaux.*

▼ *Les "Flanker" continuent à jouir d'un certain succès commercial après la récente réalisation de ventes à la Chine.*

terre X-15P et enfin le furtif X-65S. Lors du salon aéro-nautique de Paris de juillet 1997 fut exposée la maquette d'un nouveau chasseur léger, sorte de variante réduite du Su-35, considéré comme la réponse russe aux exigences du siècle à venir en termes d'adresse, puissance de combat et prestations. Une configuration qui intègre canards et double timon vertical, un moteur Saturn AL-31F en position ventral et le radar de contrôle de feu Sokol Falcon, d'une portée maximale de 180 Km et capable de suivre 4 objectifs sur 24 détectés, entre autres caractéristiques. Le chasseur de 5ème génération S-37 "Berkut", aux ailes à flèche inversée, canards et turbofans D-30F6 à poussée vectorielle, qui en septembre 1997 décol-la du Centre d'Etudes de Zhukovsky est le dernier appareil de pointe actuel de la renaissante compagnie Sukhoi.

Caractéristiques techniques du Su-32FN

Coût en dollars :	50 millions (estimé)
Dimensions :	
Longueur	23,3 m
Hauteur	6,5 m
Envergure	14,7 m
Superficie des ailes	62,00 m²
Poids :	
Máximum	44.360 Kg
Charge maximum externe	8.000 Kg
Propulsion :	2 turbofans AL-31F qui produisent une poussée unitaire de 12.500 Kg avec postcombustion et 7.500 Kg sans elle.
Prestations :	
Plafond en service	18.000 m
Vitesse à haute altitude	Mach 1,8
Vitesse à basse altitude	Mach 1,14
Portée de déplacement	4.000 Km
Facteur de charge de conception	9 g's

MULTIROLE
Su-30MK
502
372
3791094908521
115002

MiG-29 FULCRUM
SUCCÈS RUSSE

◄ *L'emplacement abaissé des prises d'air favorise le flux d'entrée aux réacteurs, bien qu'entraînant le risque d'ingestion de corps étrangers.*

► *Les MiG-29 intègrent une technologie des années 80, relativement dépassée de nos jours, bien que l'on mette actuellement au point des variantes améliorées surtout concernant l'avionique.*

Le chasseur bombardier monoplace léger MiG-29 fut le grand pari soviétique face à l'hégémonie des USA et demeure actuellement un produit vedette sur le marché de l'exportation.

Adapté

Le premier de ses 13 prototypes décolla de la Base de Ramenskoye le 6 octobre 1977 et fut capté le mois suivant par les satellites espions américains qui le baptisèrent en occident RAM-L.

Service

Le "Fulcrum" A –projet 9.12– correspond à la première variante produite dont on connaît trois sous-types qui se différencient par de petits détails externes, tandis que le B –projet 9.51– est un appareil d'entraînement biplace totalement équipé pour le combat bien que privé de radar.

A la suite de son premier vol le 4 mai 1984, débutèrent les travaux sur le type C qui possède une plus grande courbure au niveau du raccord entre le fuselage et la cabine pour transporter davantage d'équipement électronique.

Porte-avions

La production de la version K, à cause de son nom "Korabelny", débuta en novembre 1989 spécifiquement pour son utilisation sur les porte-avions. On mit en valeur les prestations à bord de cet appareil appelé alors "Tiblisi". L'extrémité de ses ailes peut se replier, il intègre un radar Zhuk, des turbines spécifiques RD-22K, possède une importante réserve de combustible et peut transporter diverses armes parmi lesquelles on notera les missiles anti-navire AS-17 "Kripton".

La variante biplace est connue sous le sigle KUB.

Exportation

Du type C, on s'est orienté vers les variantes S, connues à partir de 1992, et destinées à améliorer ses possibilités d'exportation : il s'agit des sous versions SD, SE, SM et SMT, équipées d'un radar modernisé N019 (RP-29) Sapfir capable de suivre deux chasseurs à la fois.

Les SD destinés à la Malaisie –et appelés dans ce pays MiG-29N– disposent d'adaptations pour leur usage sous climat tropical et d'améliorations des structures leur autorisant des angles d'attaque de 28o par rapport au 22° initiaux.

Autres variantes, les biplaces M2, adaptés pour l'attaque au sol, et le OVT, doté d'une turbine de poussée vectorielle expérimentale. Parmi les derniers clients figurent l'Iran et le Yémen.

Amélioré

Au salon du Bourget 97 fut présentée une nouvelle configuration à l'avionique améliorée et équipée du radar N019M Topaz, dont le mode de suivi terrain lui fournit une résolution de 15 mètres.

Au cours de l'année 2002 la Force Aérienne

▶ *Capteur infrarouge situé dans la partie avant de la cabine, sur le nez de l'appareil qui abrite le radar. Une caractéristique qui fut propre à ce modèle avant que d'autres ne s'en inspirent.*

▼ *Après le "scramble" –ordre d'alerte– nous pouvons observer deux appareils russes se dirigeant vers l'interception d'un supposé objectif ennemi au cours d'un des exercices d'entraînement de routine.*

de Hongrie a procédé à la modernisation de 14 exemplaires qui, grâce à l'adoption de systèmes compatibles avec ceux utilisés au sein de l'OTAN, pourront rester actifs jusqu'à la prochaine décennie.
Cette même année, la Bulgarie a également décidé de confier la modernisation de sa flotte à l'usine russe RSK MiG. De son côté, la Pologne a demandé l'incorporation des 29 MiG-29G/GT utilisés jusqu'alors par l'Allemagne. L'idée est d'en maintenir une vingtaine en circulation et le reste comme appareils de réserve.

Succès de ventes

Produit initialement dans les usines de Znamya Truda et Nizhny Novgorod, sous la tutelle de MAPO (Moscow Aircraft Production Organisation), quelques 1500 exemplaires ont été construits parmi lesquels deux cents biplaces UB.
Hormis les 600 unités destinées à la Force Aérienne russe, on a largement exporté vers environ une trentaine de pays auxquels il faudrait ajouter Israël, qui en a acquis quelques uns pour entraînement privé de ses pilotes, et les États-Unis, qui ont acheté peu avant l'an 2000 un lot de 21 exemplaires à la Moldavie.

Facteurs polémiques

Le Pérou a également fait l'acquisition d'exemplaires d'occasion auprès de la Biélorussie et d'appareils neufs en provenance de Russie, lesquels se sont trouvés mêlés à un scandale après plusieurs accidents. On sait d'eux qu'ils disposent de missiles air-air à longue portée, ce qui n'est pas le cas de ceux du reste des pays sud américains.

Au Combat

Lors de la dernière Guerre du Golfe plusieurs appareils iraquiens de ce modèle ont combattu leurs homologues occidentaux, essuyant de graves pertes, tout comme dans le ciel de Bosnie où ils s'avérèrent inefficaces. Toutefois, un appareil de ce genre peut transporter une large et puissante panoplie d'armes dont un canon, des bombes et des missiles divers, appuyés par la capacité du chercheur infrarouge OEPS-29, qui dispose d'une portée de 15 Km et se trouve intégré à l'avant de la cabine du pilote.
A noter aussi l'appui du radar RLS RP-29 à impulsions Doppler qui possède une capacité pour suivre et combattre des cibles volant en dessous de lui, localise ses objectifs dans un rayon de 100 Km et reçoit l'assistance d'un télémètre laser.
En dépit de ses qualités, les rapports émis par les pilotes allemands qui l'utilisent font état d'un manque de puissance et d'un maniement compliqué.

▼ *Au niveau de la queue, on observe ces timons de grandes dimensions qui aident à stabiliser l'appareil et lui confèrent des formes particulières.*

Caractéristiques techniques du variante C	
Coût en dollars :	28 millions
Dimensions :	
Longueur	17,32 m
Hauteur	4,73 m
Envergure	11,36 m
Superficie des ailes	38,00 m²
Poids :	
À vide	10.900 Kg
Máximum	18.500 Kg
Charge maximum externe	3.000 Kg
Combustible interne	4.500 Kg
Combustible externe	2.200 Kg
Propulsion :	2 turbofans Klimov/Sarkisov RD-33 de 8.290 Kg de poussée unitaire
Prestations :	
Plafond en service	17.000 m
Vitesse à haute altitude	Mach 2,3
Vitesse à basse altitude	Mach 1,06
Course de décollage	250 m
Portée d'interception	600 Km
Portée de déplacement	2.900 Km
Facteur de charge de conception	9 g's

JAS-39 GRIPEN
LA RÉPONSE SUÉDOISE

Fière de son indépendance dans tous les secteurs, la Suède revendique également son autosuffisance en matière de sécurité. Preuve en est des réussites de sa compétitive industrie aéronautique, comme le Saab 35 "Draken", les différents modèles du Saab 37 "Viggen" et le JAS (Jakt Attack Spaning, Chasseur d'attaque et de reconnaissance) 39.

Projet :

Sous une dénomination inspirée du mythologique "Griffin", débuta en juin 1980 un ambitieux projet d'étude, de conception et de réalisation d'un appareil de combat léger qui intégrerait les dernières avancées technologiques et serait à même d'opérer de manière indépendante à partir des aménagements éventuels de déploiement, tels que tronçons préparés d'autoroute et certaines artères de zones urbanisées.

Exigences

Après la mise à l'écart de plusieurs options d'importation, qui ne correspondaient pas aux exigences opérationnelles élevées, un contrat de développement comprenant la réalisation de cinq prototypes et de 30 exemplaires de production fut passé entre le Groupe Industriel JAS et l'Administration de Défense Suédoise FMV.

Le Programme fut confirmé au printemps 1983, les premiers résultats s'avérant très encourageants et les délais respectés jusqu'à l'envol du premier prototype le 9 décembre 1988. Mais peu de temps après, en raison de problèmes dans la gestion du système digital, l'appareil allait subir deux accidents, dont le deuxième lui serait fatal, en date du 2 février 1989. Cette circonstance imposa un retard dans le processus.

Validation

On rechercha du soutien extérieur –principalement américain– pour réparer les déficiences d'un logiciel inadapté et solutionner d'autres problèmes rencontrés avec le système de combustible, le démarreur intégré ou le refroidissement de l'avionique, tandis que dans le même temps, on développait un modèle biplace. Les quatre prototypes restants furent présentés entre mai 1990 et octobre 1991.

Le 3 juin 1992, fut approuvée une commande de 110 exemplaires du Lot 2 qui intégreraient un logiciel amélioré, un nouveau système de contrôle de vol, de la réserve pour

▶ *Le JAS-39 est virtuellement considéré comme le premier chasseur de 4ème Génération.*

◀ *Le "Gripen" pourra opérer dans l'avenir avec des missiles "Meteor", pensés pour des objectifs aériens situés à une grande distance de l'avion porteur.*

l'équipement de communication TARAS, des processeurs optimisés et même jusqu'à un camouflage différent.

Production

Le premier exemplaire de production décolla le 10 septembre 1992, les 30 premières unités opérationnelles furent réceptionnées à la fin de l'année 1996 et le premier biplace fut livré en avril de cette même année. En juin 1997, le Gouvernement suédois annonça l'acquisition de 64 nouveaux JAS 39 du Lot 3 qui intégreraient plusieurs avancées comme une turbine améliorée. En septembre 1997 fut déclaré opérationnel l'Escadron de l'Aile F7 stationné sur la Base de Satenas.

Polyvalent

Le JAS 39 fut conçu à partir de critères de conduite spécifiques, prétendant l'obtention de la plus grande autonomie possible. En cela, il présente de bonnes qualités pour le combat aérien évolutif, possède une remarquable capacité comme intercepteur de moyenne portée ou vecteur sophistiqué anti-navire et il peut réaliser des attaques de précision tant en appui des forces terrestres propres que pour détruire des objectifs importants de l'ennemi.

Multinational

Sans dénier l'effort des entreprises nationales, on a du recourir à des compagnies des États-Unis, du Royaume Uni, d'Allemagne, de Hongrie et de France qui ont fourni des apports significatifs sans lesquels l'engagement se serait avéré pour le moins chimérique.
Au milieu de l'année 1995 fut passé un accord important entre Saab et l'entreprise anglaise British Aerospace –laquelle avait déjà participé à la conception et à la fabrication de l'aile aux débuts du Programme– pour promouvoir une variante d'exportation du "Gripen". Des offres de diverses configurations ont été présentées à plusieurs pays, offres qui pourraient inclure des motorisations différentes pour éviter le possible embargo américain dans certains endroits de la planète.

Avancé

Défini comme le premier chasseur de quatrième génération mis en service, ce modèle offre des qualités innées quant à son côté opérationnel et à sa maintenance simplifiés. Son radar PS-05/A à impulsions doppler est le fruit de la collaboration entre Ericsson Radio et le britannique Ferranti. Son antenne en fibre de carbone inclut des fonctions de recherche de cibles terrestres, aériennes

▶ *Ecran Head Up Display dans la partie centrale de la cabine.*

▼ *Le JAS-39 offre des solutions avancées pour résoudre les problématiques spécifiques aux exigences très complexes.*

ou navales. Au total 40 processeurs gèrent les divers paramètres de vol, le contrôle des commandes HOTAS et le viseur HUD avec optique à diffraction ou encore le levier de contrôle conventionnel, conçu par le britannique Page Engineering et muni du système de toucher artificiel. Le siège éjectable est un Martin Baker S10LS.

Monomoteur

Sur le modèle du turbofan américain General Electric F404, les industries suédoises Volvo Aero et Saab ont développé une variante optimisée appelée RM12 pouvant atteindre Mach 1,08 sans recourir à la postcombustion.

Concernant l'avenir, les premiers contacts ont déjà été établis avec l'entreprise allemande Dasa et le consortium américain Boeing/Rockwell International pour développer une variante du moteur RB12 à poussée vectorielle TVC (Trust Vector Control), et destinée au départ au marché de l'exportation. Son utilisation nécessite l'adaptation du contrôle de vol, complique le système, ajoute du poids et augmente le coût, mais offre une plus grande agilité de manœuvre, plus d'angles d'attaque et un atterrissage à vitesse réduite, des avantages significatifs qui ont conduit à d'importants contrats avec l'Afrique du Sud, la Hongrie ou la République Tchèque. Les Suédois prévoient l'amélioration continue des JAS 39 "Gripen" pour pouvoir les maintenir en activité jusqu'en 2040.

Caractéristiques techniques

Coût en dollars :	environ 50 millions développement inclus
Dimensions :	
Longueur	14,10 m
Hauteur	4,50 m
Envergure	8,40 m
Poids :	
À vide	6.622 Kg
Maximum	13.000 Kg
Charge maximum externe	3-4 t
Combustible interne	2.268 Kg
Combustible externe	2.000 Kg
Propulsion :	Un RM12 de 8.165 Kg de poussée
Prestations :	
Plafond en service	15.000 m
Vitesse à haute altitude	Mach 1,8
Vitesse à basse altitude	Mach 1,08
Course décollage	800 m
Portée de déplacement	3.000 Km
Facteur de charge de conception	9 g's

HARRIER
CAPACITÉ DE DÉCOLLAGE VERTICAL

◄ *Les "Sea Harrier" acquirent leur réputation durant le conflit des Malouines.*

► *Malgré l'excellent niveau des derniers "Harrier", leur remplacement est déjà prévu à partir de la prochaine décennie*

Le "Harrier" fut conçu pour réaliser atterrissages et décollages à la verticale, grâce à l'effet vectoriel appliqué aux gaz d'échappement de la turbine. Il opère en de multiples endroits, à partir de porte-avions de taille réduite jusqu'à de petites clairières en forêts épaisses. Ses performances ont été largement démontrées au cours de la Guerre du Golfe de 1991.

Conception

En 1957 l'entreprise britannique Hawker Siddeley envisagea l'idée d'un avion militaire capable d'atterrir et de décoller sur des espaces réduits de terrain et obtint pour cela la collaboration de la compagnie Bristol Engine spécialisée en moteurs ultramodernes.

Kestrel

La proposition initiale (Projet 1127) fut testée en vol statique, à l'aide de câbles d'acier reliés au sol, fin septembre 1960. Les résultats obtenus encouragèrent britanniques, américains et allemands à former un Escadron d'évaluation tripartite avec neuf P.1127 "Kestrel". Une fois sa conception et ses aptitudes vérifiées, la Force Aérienne

britannique (RAF) commanda les exemplaires du prototype, appelés "Harrier", auxquels viendraient s'ajouter les modèles d'attaque et de reconnaissance GR. Mk.1 livrés à partir de 1967.

Evolution

Après la configuration du modèle T Mk.2 comme une variante biplace d'entraînement –T pour training–, débuta le travail d'amélioration du projet de propulsion, qui donna lieu aux Mk.1A et Mk.2A à turbine Pegasus 102. En 1971, les premiers exemplaires furent livrés au Corps de Marines américain (USMC), qui baptisa AV-8A "Alfa" le monoplace et TAV-8A le biplace. Peu de temps après entrerait en service la variante britannique Mk.3 et T Mk.4 incluant un système de repérage laser dans un capot allongé et un détecteur passif de menaces radar dans la partie supérieure avant du timon de la queue ultérieurement équipé de la turbine

Pegasus 103.

En novembre 1972, l'Armée espagnole fit l'acquisition de 12 monoplaces et biplaces modèle A "Matador" maintenus en service jusqu'en 1996, date à laquelle elle les réexporta en Thaïlande.

Embarqués

Alors que les Marines incorporaient le AV-8A, la Royal Navy fit de même avec la variante navale "Sea Harrier" FRS1, disposant des premiers exemplaires en juin 1979. Le succès dans la Guerre des Malouines de 1982, au cours de laquelle les divers modèles de "Harrier" déployés détruisirent les deux tiers de la centaine d'aéronefs argentins abattue, fut leur meilleure publicité, rendant propice la signature d'un contrat avec la Marine Indienne pour un total de 23 "Sea Harrier" Mk.51 destinés à ses porte-avions "Viraat" et "Vikrant".

Avancé

En 1984 débutèrent les livraisons à l'USMC des McDonnell Douglas AV-8B "Bravo" et TAV-8B qui entre autres avancées, présentaient un remodelage de voilure et un dispositif de repérage frontal pour le lancement

Les pilotes apprécient énormément les qualités de vol peu conventionnelles de ce modèle.

Seuls les "Harrier" disposent d'une capacité de décollage et d'atterrissage à la verticale, même si d'ordinaire ils se limitent à cette deuxième opération en raison de la forte consommation de combustible que suppose la première.

de bombes de précision, étant adoptés sous le nom de Mk.5 par la RAF en 1987, année au cours de laquelle l'Espagne fit l'acquisition de 12 unités. Parallèlement, on valida le prototype "Night Attack" adapté au combat nocturne grâce à un capteur infrarouge. Les Marines l'incorporèrent immédiatement et les Britanniques reconvertirent leurs Mk.5 à cette variante, appelée Mk.7.

En 1990, on entreprit l'assimilation des "Sea Harrier" britanniques au modèle F/A2 intégrant le nouveau radar GEC-Marconi Blue Vixen. Peu après, Américains, Espagnols et Italiens demandèrent la production et l'incorporation du AV-8B+ ou "Plus" équipé du radar Hughes AN/APG-65.

Les livraisons débutèrent en 1993 combinées avec l'assimilation de quelques lots de la série B au nouveau standard, les Marines en recevant 27, la Marine italienne 16 et l'Armée espagnole 8. Fin 2001, l'intérêt affecta Taiwan, qui pourrait incorporer à partir de 2005 pas moins de 30 unités.

"Plus"

Opérant à partir de bases aériennes, d'aérodromes éventuels, de navires amphibies ou de petits porte-avions, les "Harrier" ont prouvé leur capacité à mener à bien des opérations polyvalentes.

Propulsion

Son adaptation à des environnements multiples est le fait d'une turbine Rolls-Royce F402-RR-408 Pegasus 11-61 qui produit 9.000 Kg de poussée et inclut quatre déflecteurs de flux du moteur qui autorisent une agilité maximale lors d'actions de combat aérien fermé.

Configuration

Conçue pour une durée de vie utile de 6.000 heures, la cellule intègre des nouveautés différentielles comme les ailes épaisses en aggloméré de fibre de carbone qui lui confèrent une sustentation élevée ainsi qu'une plus grande capacité de transport de combustible, des ailettes ventrales qui remplacent le container du canon lorsque celui-ci n'est pas utilisé ou enfin de grandes tuyères d'admission qui améliorent la vitesse de croisière et optimisent la capacité de décollage et d'atterrissage court.

Equipement

Installé dans son siège éjectable de type Martin Baker, le pilote contrôle l'espace aérien et le suivi terrestre à l'aide d'un radar multimode à impulsions Doppler Hughes AN/

APG-65 qui équipe aussi le F-18A "Hornet". Grâce à ce dispositif, il peut opérer en toutes conditions météorologiques, aidé de nuit par des équipements d'éclairage infrarouge.

Le AV-8B+ est muni d'un écran d'affichage HUD/HDD Smiths Industries, d'instruments adaptés et compatibles avec l'utilisation de lunettes nocturnes, d'un navigateur inertiel de grande précision, d'un système de communications résistant aux contre mesures électroniques, d'un écran couleur à affichage digital de cartes, d'un dispositif d'autodéfense avec lanceurs de cartouches interférentes, enfin d'un écran d'affichage sophistiqué repérant menaces et perturbateurs.

Caractéristiques techniques du AV-8B Plus

Coût en dollars :	50 millions
Dimensions :	
Longueur	14,55 m
Hauteur	3,55 m
Envergure	9,25 m
Surface de voilure	21,37 m²
Poids :	
À vide	6.740 Kg
Maximum	14.061 Kg
Charge maximum externe	6.000 Kg
Combustible interne	4.600 l
Combustible externe	4.800 l
Propulsion :	Un turbofan SNECMA M53-P2 avec 9.690 Kg de poussée
Prestations :	
Vitesse à haute altitude	Mach 0,98
Vitesse à basse altitude	Mach 0,87
Portée de combat	1.100 Km
Portée de déplacement	3.641 Km
Facteur de charge de conception	7 g's

L'OFFRE
AMÉRICAINE

Les États-Unis dominent les développements aéronautiques du monde entier et, hormis quelques cas isolés, leurs conceptions d'appareils de combat admettent peu de comparaison. Les propres besoins internes alliés à la volonté de l'U.S. Air Force et de l'U.S. Navy de disposer des technologies les plus avancées, soutiennent une capacité industrielle dominante. Des dizaines de milliers de personnes travaillent sur les plates-formes aéronautiques militaires. Les budgets de recherche appuient cette orientation, confiant qu'elle engendrera des retours sur d'autres domaines de la vie publique.

Maintenir la capacité

A cela, les États-Unis ajoutent une intense politique d'exportation, non seulement à cause du bénéfice économique en lui-même qui suppose un certain "paquet" –les avions, les armes, les pièces de rechanges et jusqu'à l'appui logistique durant tout le cycle de vie du système–, mais aussi pour soutenir leur propres coûts de développement. Par ailleurs, moyennant la prérogative d'approbation ou de dénégation à convenance de certaines opérations, ils peuvent aider leurs alliés à compromettre la sécurité sur des zones déterminées et/ou à déstabiliser certains gouvernements. La vente est donc un instrument à double tranchant, même si à plusieurs occasions, le mauvais fil s'est déjà retourné contre eux.

Marchés traditionnels

L'Europe a été l'un des plus gros acheteurs de F-16 "Figthing Falcon", F-18 "Hornet" ou AV-8B "Harrier" II sortis des usines américaines. Leurs responsables considèrent vital ce marché à court et à moyen terme, avec la dimension ajoutée de l'ex-bloc de l'Est, dont on attire les anciens membres à l'aide d'offres substantielles. La décision de certains pays de s'associer au programme JSF suppose, par ailleurs un revers pour la protégée alliance européenne en matière d'Aéronautique militaire.

Les Américains se montrent aussi particulièrement actifs au Moyen Orient. D'une part, ce sont les premiers fournisseurs des israéliens, qui utilisent les F-15 "Eagle"

▲ *Avec l'introduction d'une nouvelle version, les "Hornet", dont on observe un exemplaire au camouflage "agresor" utilisé pour simuler l'avion ennemi, ont encore de beaux jours devant eux.*

▶ *Les cabines sont beaucoup plus ergonomiques qu'il y a une dizaine d'années seulement et tous les détails facilitant le travail du pilote ont été revus.*

◀ *Dans la dernière génération de chasseurs et bombardiers américains ont été introduites des améliorations quant à la furtivité qui affectent les armes à présent transportées en soutes pour .éduire la signature radar de l'avion porteur.*

et les F-16. Ensuite, ils continuent de proposer des offres ponctuelles à d'autres nations de la zone, comme en témoigne le récent contrat signé avec les Emirats Arabes Unis.

Options d'avenir

Plusieurs pays d'Amérique du sud sont intéressés par le renouvellement de leurs vieil-les flottes de combat aérien, bien que les économies des gouvernements ne semblent pas très fortes. Le Chili a donné l'exemple en achetant le F-16 –que possédait déjà le Venezuela– et le Brésil tout comme l'Argentine étudient de semblables décisions adaptées à leur difficile conjoncture. C'est en Asie où se profile un marché potentiellement spectaculaire. Hormis quelques cas précis de systèmes qui misent sur leur propre développement, les économies émergentes luttent pour munir leurs défenses de la meilleure technologie dissuasive face aux tensions latentes sur la zone. Quelque soit l'avenir des prochaines décennies, ce qui est certain c'est que l'étiquette "approuvé au combat" accompagnant généralement les offres du leader mondial reste toujours un bon argument commercial au moment de décrocher de nouveaux contrats.

F-14 TOMCAT
CHASSEUR NAVAL

◀ *Durant presque trente ans, cet appareil a été le principal chasseur naval embarqué des États-Unis et il dispose encore de quelques années de vie utile.*

▶ *Au cours des dernières années, le "Tomcat" a rempli plusieurs missions dont celles de lancement d'armes de précision contre des objectifs terrestres.*

Le Grumman F-14 a été conçu pour être utilisé sur des grands porte-avions. Célèbre pour son intervention lors d'un combat aérien contre des avions Sukhoi Libyens dans le Golfe de Sirte et pour être le moyen principal employé dans l'Ecole «Top Gun», où des pilotes navals américains entraînent leur habilité, le «Tomcat» force le respect chez ses détracteurs grâce à ses capacités et prestations. Une de ses dernières opérations a été l'attaque de précision d'objectifs terrestres lors de la Campagne «Liberté Immuable» en Afghanistan.

Modèle perfectionné:

Suite à l'échec du développement d'une variante navale du chasseur TFX (Tactical Fighter Experimental), la Marine américaine a lancé fin 1967 celui d'un intercepteur de Flotte désigné par le sigle VFX.

Décision

Une fois vérifiées les qualités de la conception 303-60 de Grumman et à l'issue de diverses adaptations, le 15 janvier 1969, l'appareil fut désigné vainqueur et reçu l'identification F-14 "Tomcat". Le premier prototype débuta ses essais à Calverton le14 décembre 1970. Un total de 497 exemplaires fut commandé. Les premiers F-14A de série allèrent à l'Escadron VF-124 "Gunfighters" de NAS Miramar ; au cours de 1973 un Escadron s'embarqua sur le "Enterprise" pour qualification opérationnelle et certains d'entre eux couvrirent l'évacuation de Saigon durant l'opération "Frequent Wind". La production d'un totale de 557 exemplaires prit fin en Avril 1987. Un lot de 79 –dont une vingtaine demeure opérationnelle– atterrirent en Iran, à l'époque on évoqua l'appui d'Israël, après l'embargo auquel fut soumis ce pays islamique.

Actualisation

Quelques mois auparavant, la variante B à l'avionique améliorée et propulsée par un moteur General Electric F110-GE-400 avait effectué son premier vol. Suite à cela, on entama la production de 38 nouveaux appareils, dont le premier fut livré le 11 Avril 1988 et le dernier en Mai 1990, au moment où l'on commença la conversion de quelques types A vers une variante initialement appelée A+ (Plus) et finalement connue aussi comme B. "Super Tomcat"

Entre le 23 mars 1990 et le 20 juillet 1992 furent livrés 37 nouveaux F-14D "Super Tomcat" avec capacité à employer de nouveaux missiles, cabines de pilotage compatibles avec les milieux nocturnes, système de présentation tactique avancé et radar AN/APG-71, la conversion de 18 exemplaires

Caractéristiques techniques du modèle D

Coût en dollars :	58 millions
Dimensions: :	
Longueur	19,10 m
Hauteur	4,88 m
Envergure avec ailes étendues	19,54 m
Envergure avec ailes repliées	11,65 m
Surface de voilure	52,49 m²
Poids :	
À vide	18.951 Kg
Maximum	33.724 Kg
Charge maximum externe	6.577 Kg
Combustible interne	7.348 Kg
Combustible externe	1.724 Kg
Propulsion: :	2 turbofans General Electric F110-GE-400 avec 12.230 Kg de poussée unitaire
Prestations :	
Plafond en service	16.650 m
Vitesse à haute altitude	Mach 1,88
Vitesse à basse altitude	Mach 0,72
Portée d'interception	800 Km
Portée de déplacement	2.965 Km
Facteur de charge de conception	7,5 g´s

plus anciens vers cette variante ayant déjà été effectuée.
Parallèlement, certains appareils ont été modifiés afin de pouvoir transporter en un point d'ancrage ventral un container de reconnaissance TARPS (Tactical Air Reconnaissance Pod) permettant la capture et l'envoi, en temps réel, d'images digitalisées, par système de liaison radio chiffré, à tout navire ou point terrestre équipé du système Link 11.

Chasseur naval

Sur chacun des porte-avions américains est embarqué un Escadron de 14 "Tomcat" qui fournit les moyens de base pour établir des patrouilles aériennes de combat (CAP) et constitue la force d'interception de longue portée. Le F-14, en dépit de son âge avancé, est encore considéré comme un chasseur à grande potentialité dont on a fabriqué quelques 750 exemplaires sur lesquels 323 demeurent en service et quelques autres immobilisés en situation de longue disponibilité sur la Base Aérienne de Mountain Home en Arizona.

Chasseur intercepteur aux prestations excellentes en accélération grâce à ses deux puissantes turbines, sa conception et sa capacité de voilure.

Les F-14 peuvent être ravitaillées en vol par d'autres appareils de la Navy et des citernes d'autres services et d'autres pays. Dans ce cas, le transvasement s'effectue entre deux avions embarqués.

Conception avancée.

La possibilité de varier l'angle des sections externes des ailes en ajustant la flèche de 20 à 68° est tout à fait idéale pour son activité d'intercepteur. Pour son usage naval, il inclut un robuste train d'atterrissage avec une barre de lancement sur la roue avant et un crochet de freinage qui s'encastre dans un câble durant l'appontage, en plus d'une perche rétractile pour recevoir le combustible en vol. Placés dans la partie arrière, juste au dessous des deux grands empennages de queue et de l'aéronef hydraulique, les deux moteurs General Electric F110-GE-400 lui fournissent un total de 24.260 Kg de poussée.

Tâche partagée.

La cabine du pilote combine plusieurs instruments sur les côtés et des indicateurs analogiques et digitaux sur la façade frontale. Pour sa part, le copilote, appelé RIO (Radar Intercept Officer), dispose d'un grand écran circulaire TSD (Tactical Situation Display) qui offre une vision précise de la situation tactique.

Avionique

Les "Tomcat" les plus anciens bénéficient du puissant radar Hughes AN/AWG-9, capable de détecter des cibles à des distances de plus de 300 Km, fixer les données de 24 et en combattre 6, bien que les derniers exemplaires construits incluent le AN/APG-71 mono impulsion à grande capacité de traitement qui présente une plus grande fiabilité et une meilleure puissance d'émission.

Armement

Tous les appareils disposent d'un canon General Electric M61A1 de 20 millimètres et d'une combinaison variable de missiles qui peut inclure quatre AIM-9 "Sidewinder" de type infrarouge et de courte portée, quatre de moyenne portée et à guidage radar de type AIM-7 "Sparrow", et 6 de longue portée AIM-54C+ "Phoenix" capables d'intercepter des objectifs dans un rayon d'environ 150 Km.

De plus, sous le nom de "Bomcat", on a modifié un certain nombre d'exemplaires pour exécuter des opérations d'attaque avec de l'armement divers comportant les bombes Cluster CBU-59 y Rockeye, celles guidées par laser GBU-16 y 24, et les missiles antiradar AGM-88 "Harm".

Il est prévu de les développer avec la capacité de lancement du "SLAM", un dérivé de l'anti-navire "Harpoon" conçu pour atteindre des objectifs renforcés à l'intérieur du territoire ennemi.

F-15 EAGLE
AIGLE DE CHASSE ET D'ATTAQUE

Considéré comme le chasseur le plus sophistiqué et polyvalent en service, le F-15 affiche le record d'une centaine de victoires en combat sans aucune défaite personnelle.

Conception évoluée

Les capacités connues de l'intercepteur soviétique MiG-25 conduisirent les États-Unis à programmer, en 1965, la construction d'un appareil capable de lui faire face. Après validation des propositions de trois corporations différentes, le 23 décembre 1969, on confia à McDonnell Douglas la réalisation de 18 monoplaces et de 2 biplaces pour des tests d'expérimentation, le premier des monoplaces YF-15a décollant le 27 juillet 1972 et le premier des biplaces le 7 juillet de l'année suivante.

Contrat

Le premier exemplaire des 572 commandes de la variante de production A/B, fut livré au mois de novembre 1974 et le dernier en 1979.

Cette même année décolla le premier appareil d'une série d'un peu moins de 500 exemplaires améliorés, désignés par les lettres C/D, emportant 907 Kg de combustible complémentaire. Un accord commercial permit sa fabrication par l'usine japonaise Mitsubishi. Le premier exemplaire des deux cents F-15J/DJ nippons fut disponible le 26 Août 1981.

Ces appareils intègrent des systèmes d'alerte radar et des équipements de guerre électronique de conception spécifique mais restent inférieurs aux modèles américains, bien qu'ils aient gagné en prestations.

Polyvalent

Entre 1988 et 1996 sortirent deux cents exemplaires de la variante biplace E.

Spécialisé dans les attaques de précision par tous les temps, le "Strike Eagle", comme on l'a appelé, intègre un radar à ouverture synthétique qui offre une plus grande résolution en mode de suivi du terrain, un chercheur infrarouge FLIR, un système de navigation et d'attaque Martin Marieta LANTIRN, configuré pour les containers de navigation AN/AAQ-13 et d'attaque AN/AAQ-14, et une cabine arrière équipée de 4 écrans d'affichage qui répartissent le travail des deux occupants.

Exportation

Une offre spécifique pour l'exportation ayant au départ reçu la dénomination H, a été acquise à partir de 1994 par Israël

◄ *Le "Eagle" a évolué à partir d'une conception d'intercepteur à grand rayon d'action jusqu'à devenir un chasseur bombardier multifonction à grande capacité.*

► *Un des chasseurs bombardiers les plus sophistiqués à l'heure actuelle, utilisé par les forces aériennes des États-Unis, d'Israël, d'Arabie Saoudite et du Japon.*

sous le code F-15I et par l'Arabie Saoudite comme F-15S. Pour valider des conceptions d'évolution future et faire face à l'agressive politique d'exportation de la Russie on prépara un F-15B modifié avec le programme STOL/MTD (Short Tatke Off and Landing/Manoeuvre Technology Demostrator), équipé de moteurs à tuyères orientables sur deux axes et des inverseurs de flux perfectionnés, grâce auxquels il démontra son aptitude pour les atterrissages ultracourts.

Avance technologique

Plus de 1.200 exemplaires des types A, B, C, D et E ont été acquis par la U.S. Air Force, restant en service parmi les unités de première ligne, la Réserve et la Garde Nationale aérienne en possédant environ 750. Boeing livrera les dix derniers F-15E pour la U.S. Air Force entre juin 2002 et 2004. La chaîne demeurera ouverte pour la fabrication de plusieurs dizaines de F-15K achetés en 2002 par la Corée du Sud et l'on prévoit davantage de commandes encore.

Structure

Son aérodynamique lui permet une vitesse élevée à haute altitude et son contrôle de vol digital redondant Lear Astronics le rend

▲ *Containers de guidage et d'éclairage situés dans le fuselage pour des attaques de précision d'objectifs terrestres.*

◄ *Les incomparables prestations du F-15E ont été reconnues dans tous les conflits auxquels il a participé.*

capable d'effectuer des missions de terrain en mode automatique. Son train d'atterrissage de type tricycle inclut une seule roue sur chacun de ses trois éléments et un système d'absorption d'huile pneumatique pour améliorer sa capacité opérationnelle sur pistes à demi préparées. Ses deux grandes dérives verticales, un grand aileron sur la partie centrale supérieure et deux ailes un peu reculées complètent une conception qui en fait le roi du combat air-air.

Puissance

Ses deux moteurs se situent l'un à côté de l'autre sur l'axe central pour assurer un vol sans problèmes en cas de panne de l'un des deux. Des Turbofans Pratt & Whitney F-100-PW-220, remplacés sur les appareils produits à partir de 1991 par la variante 229 qui propose 12.200 Kg de poussée unitaire avec postcombustion, lui permette d'effectuer des décollages très courts et une ascension quasiment à la verticale à une vitesse de 15.000 mètres/minute.

Outre son canon multi-tube interne, le "Eagle" peut transporter plus de dix missiles air-air lui permettant d'abattre autant de cibles.

Missions

F-15C, chasseur bombardier	F-15E, avion d'attaque
Patrouilles aériennes de combat (CAP)	Défense et supériorité aérienne
Défense et supériorité aérienne	Attaque nucléaire
Interception de longue distance	Attaque contre des objectifs terrestres au moyen de bombes et de missiles.
Attaque contre satellites (ASAT)	Défense contre l'attaque de missiles de croisière (CMD) et balistiques (TDM) suppression de défenses antiaériennes SEAD) et reconnaissance, en cours de validation.

Caractéristiques techniques du modèle C

Coût en dollars :	55 millions
Dimensions :	
Longueur	19,45 m
Hauteur	5,65 m
Envergure	13,05 m
Surface de voilure	56,50 m²
Surface de flaps	3,33 m²
Poids :	
À vide	20.411 Kg
Maximum	36.700 Kg
Charge maximale externe	10.705 Kg
Combustible interne	6.103 Kg
Combustible externe	9.817 Kg
Propulsion :	2 turbofans Pratt & Whitney F100-PW-220 avec 13.154 Kg de Poussée unitaire
Prestations :	
Plafond en service	18.300 m
Vitesse à haute altitude	Mach 2,5
Vitesse à basse altitude	Mach 1,21
Course de décollage	274 m
Portée d'interception	1.200 Km
Portée de déplacement	5.745 Km
Facteur de charge de conception	9 g's

Menaces

Son exceptionnelle combinaison de systèmes perfectionnés lui confère une puissance sans égale contre toute menace aérienne. A noter, en premier lieu, son puissant radar à impulsions Doppler Hughes Aircraft AN/APG-70 qui opère en bande X sur la variante de chasse et en bande I sur celle d'attaque, le rendant capable de détecter et suivre des cibles situées à presque 150 kilomètres. Cette puissance fut mise en évidence dans la destruction de quatre MiG-29 durant la campagne des Balkans et de 33 appareils irakiens en 1991.

Assis dans l'"atalaya" éjectable ACES II de type zéro-zéro permettant des éjections à toute altitude, le ou les pilotes, selon le modèle, jouissent d'une excellente visibilité, tant vers l'avant que vers l'arrière. En outre, demeurent essentiels pour le combat air-air le canon General Electric M61A1 de 20 millimètres doté d'une réserve de 512 cartouches, les 4 missiles infrarouges AIM-9 "Sidewinder" tout comme ceux guidés par radar AIM-7 "Sparrow" et AIM-120 "AMRAAM", dont respectivement 4 et 8 unités peuvent être embarquées.

Lors d'attaques au sol, le pilote compte sur son système de contrôle d'armement Dynamics Control Corporation AN/AWG-27, qui gère des missiles de précision AIM-65 "Maverik" jusqu'aux bombes de type nucléaire tactique B61.

Pour assurer son autodéfense il dispose d'un système de contre mesures électroniques de type automatique Northorp Grumman AN/ALQ-135(V), un dispositif d'alerte d'émissions radar Magnavox AN/ALQ-128, d'un équipement RWR Loral AN/ALR-56C et d'un lanceur de traceurs à flamme interférents Tracor AN/ALE-45.

L'ensemble de cette panoplie a été améliorée au cours des dernières années avec l'adaptation de systèmes comme le missile AGM-130 qui en raison de son poids d'une tonne ne peut être transporté que par des F-15E. Autre nouvelle arme pour ce modèle ; le JSOW, une bombe guidée par informations qu'elle reçoit de satellites en vol.

F-16 FIGHTING FALCON
FAUCON POLYVALENT

Conçu à la base comme un appareil simple à manoeuvrer, économiquement accessible et doté de prestations modernes inhérentes à sa conception originale, le General Dynamics F-16 "Fighting Falcon", avec sa centaine de variantes, a atteint un remarquable succès de ventes puisque plus de 4.000 exemplaires sont en service dans une vingtaine de pays

Chasseur léger

Le programme LWF (LightWeight Fighter) de la U.S. Air Force défendait la construction d'un chasseur de jour léger de supériorité aérienne capable de compléter le sophistiqué F-15.

Le prototype sortant (YF-16) décolla le 2 février 1974.

Essais

Les vols d'essai des prototypes (monoplaces F-16 A et biplaces F-16B) s'effectuèrent entre décembre 1976 et juin 1978.

Le Danemark, la Hollande et la Norvège décidèrent de l'adopter et de le fabriquer sous licence.

Production

Avec le modèle A, démarra en 1978 une chaîne de blocs de production et de programmes de développements de variantes qui reste encore active. Les Etats-Unis sont le principal utilisateur, avec 2.300 exemplaires réparties entre la U.S. Air Force, la Réserve et la Garde Nationale, dont plusieurs centaines stockées en situation de longue disponibilité. En 1984, la variante C (bloc 25) introduisit des changements substantiels dans le poste de pilotage et la structure. Entre 1986 et 1992 fut appliqué le programme ADF pour l'usage de missiles guidés de moyenne portée, débutèrent aussi les livraisons du bloc 40/42 "Night Falcon"

◄ *Le temps et les versions successives de ce monomoteur ont fait mentir ceux qui au départ lui reprochaient son manque de sophistication.*

▼ *Les belges ont déjà intégré sur leurs appareils les missiles AIM-120 AMRAAM pour interception d'objectifs situés à grande distance.*

tout comme celles du bloc 50/52, habilité deux ans plus tard pour lancement de "Harm" et rebaptisé 50D/52 D, tandis que l'on abordait l'amélioration des turbines sur diverses variantes renforcées en puissance et que l'on appliquait le MLU (Mid Life Update) sur 300 exemplaires de la USAF et sur les appareils du Consortium OTAN jusqu'en 1999, puisque déjà en 1995 le MLU en avait modifié une quarantaine rebaptisée QRC (Quick Reaction Capability) pour intervenir en Bosnie. Israël a présenté en 2001 la variante spécifique ACE (Avionics Capabilities Enhancement) avec réservoirs situés sous les ailes d'une contenance de 600 gallons qui augmentent considérablement son autonomie pour réaliser des missions à l'intérieur du territoire ennemi.

Utilisateurs

Outre la U.S. Air Force et la U.S. Navy – qui l'utilise pour de l'entraînement privé –, ce chasseur léger efficace a été incorporé par Israël, la Grèce, le Portugal, la Belgique, la Hollande, la Norvège, la Turquie, Bahreïn, le Venezuela, l'Egypte, la Corée du Sud, la Thaïlande, l'Indonésie, Singapour, le Pakistan et Taiwan. De nouveaux contrats récents ou imminents, élargiront bientôt le "club" avec l'arrivée de pays comme les Emirats Arabes Unis, l'Italie, le Chili et Oman, auxquels vient s'ajouter le cas particulier du Pakistan, dont le gouvernement a demandé en 2002 la récupération des 28 F-16 saisis en 1990 par les États-Unis comme compensation de leur soutien durant la campagne d'Afghanistan commen-

◀ *Dans certains pays, les F-16 constituent la principale composante de la capacité de combat aérien.*

▼ *Le fait d'être équipé de missiles air-air confère à cet appareil une grande capacité pour neutraliser ses ennemis.*

cée fin 2001. D'autre part, des exemplaires d'occasion sont actuellement proposés à plusieurs pays de l'ancien bloc de l'Est.

Mention très bien:

Le spectaculaire succès des ventes du F-16 s'appuie sur sa polyvalence rentable, créditée d'un excellent rapport historique de combats air-air ou air-terre.

Sa dernière actualisation incorpore des réservoirs CFT dans le fuselage qui lui confèrent une plus grande autonomie et des espérances de durée de vie visant son maintien en activité au delà de 2020 dans la U.S. Air Force et de 2030 dans d'autres pays.

Cabine

A noter dans la cabine une originale coupole en polycarbonate, sur laquelle a été appliquée une fine pellicule d'or pour dissiper l'énergie radar en réduisant la signature frontal à environ 40%, ce qui offre au pilote un champ de vision exceptionnel, tandis que le siège éjectable McDonnell Douglas ACES II est incliné à 30o vers l'arrière pour améliorer la tolérance de l'occupant à des taux élevés de gravité –g– qui s'enchaînent au cours des manœuvres.

Conception

La disposition de sa voilure favorise la stabilité directionnelle en conditions de vol extrêmes. Un seul moteur du type Pratt & Whitney F100-PW-220 ou General Electric F110-GE-100 le propulse avec une grande agilité au moyen d'une insolite prise d'air fixe qui, placée sous le fuselage, garantit le flux d'alimentation à des angles d'attaque élevés, même si cette prise présente l'inconvénient de faciliter l'ingestion d'éléments lors d'opérations sur pistes non préparées.

Potentialité

Un réceptacle de type universel pour le ravitaillement en vol incorpore un tricycle avec deux trains d'atterrissage principaux qui se replient, l'un vers l'avant sur la structure ventrale qui couvre l'entrée d'air et le moteur, l'autre placé au devant vers l'arrière.

Autres éléments comme le crochet d'arrêt qui permet des atterrissages d'urgence avec les câbles de frein des pistes, un lanceur de traceurs à flamme interférents Tracor ANE-40/47 complété par un équipement propre de guerre électronique, un système d'alerte d'émissions radar Loral AN/ALR-56M, un équipement de communications du code de Magnavox AN/ARC-164 UHF Have Quick et les connections pour situer divers types de containers de guerre électronique, parmi lesquels on trouve les Westinghouse AN/ALQ-131 ou AN/ALQ-184, ou de reconnaissance.

Armement

Missions air-air	Missions air-terre
Canon multitube General Electric -M61A1 Vulcan de 20 millimètres alimenté par une réserve de 511 cartouches.	
Missiles infrarouges de courte portée AIM-9 "Sidewinder" et "Magic"	Bombes à chute libre et guidées par laser
Missiles guidés de moyenne portée AIM-7 "Sparrow" et AIM-120 "AMRAAM"	Containers GPU 5/A avec canons de 30 millimètres
	Missiles AGM-65 "Maverik"
	Missiles antiradar "Harm"
	Missiles anti-navire "Harpoon" et "Penguin" Mk3

◀ La Turquie compte plus de 200 de ces chasseurs bombardiers, dont la plupart a été fabriquée sous licence par ses industries aéronautiques locales.

▶ Le F-16 peut mener à bien toute mission dont il a la charge. Les Israéliens l'ont utilisé, par exemple, pour détruire une centrale nucléaire irakienne au cours d'une attaque complexe et spectaculaire.

Caractéristiques variante C

Coût en dollars :	28 millions
Dimensions :	
Longueur	15,03 m
Hauteur	5,09 m
Envergure lanceurs de missiles inclus	9,45 m
Surface de voilure	27,87m²
Surface de flaps	2,91 m²
Poids :	
À vide	8.273Kg avec moteur F100-PW-220 y 8.627Kg avec moteur F100-GE-100
Maximum bloc 40/42	19.187Kg
Charge maximale externe	5.443Kg
Combustible interne	3.104 Kg ramenés à 2.567 sur le biplace
Combustible externe	3.066Kg
Propulsion :	Un turbofan Pratt & Whitney F100-PW-220 de13.000 kilogrammes de poussée ou un General Electric F110-GE-100 avec 10.770. Une variante améliorée et plus puissante, appelée F-100-PW-229 et F110-GE-129, commence à faire son entrée depuis quelques temps.
Prestations :	
Plafond en service	15.240 m
Vitesse à haute altitude	Mach 2
Vitesse à basse altitude	Mach 1
Course de décollage	360 m
Portée d'interception	1.315 Km
Portée de déplacement	3.890 Km
Facteur de charge de conception	9 g's

F-18 HORNET
FRELON MULTIMISSION

Le F-18 fut conçu comme un chasseur léger et économique. Le développement d'une variante pour l'usage naval l'a consacré avion polyvalent, dissipant tous les doutes à propos de son potentiel. Durant plus de 3 millions d'heures de vol, il a battu des records de sécurité, d'opération, de capacité de maintenance et de mission, ce qui lui a valu un succès de ventes remarquable et une production continue qui se maintiendra au cours de la première décennie du XXIe siècle.

Développement

Au printemps 1974, la U.S. Navy fit connaître les exigences du programme VFAX pour s'équiper d'un chasseur léger multimission de faible coût, se voyant dans l'obligation, par décision du Congrès, de considérer les prototypes General Dynamics YF-16 et Northorp YF-17 qui étaient alors évalués par la Force Aérienne. Tandis que des études comparatives étaient réalisées, McDonnell Douglas proposa une variante optimisée appelée F-17 pour laquelle Northorp figurait comme entreprise associée, et qui fut choisie pour réaliser un modèle évolué et naval identifié comme NACF (Navy Air Combat Fighter). La version chasseur rebaptisée F-18 et celle d'attaque A-18, on en conclut que la variante intermédiaire F/A-18 pouvait jouer les deux rôles sans problèmes, en la désignant de façon générique F-18 et en lui donnant le nom de "Hornet" (Frelon).

L'envol du prototype

Le 18 novembre 1978 décolla le premier d'une série de 11 prototypes YF-18. Suite à des commandes fermes et sa validation sur porte-avions, le premier F-18A fut livré à la U.S. Navy en mai 1980 et le premier Escadron opérationnel fut constitué deux ans plus tard, comprenant des biplaces de type B.

Versions avancées

Entre 1986 et 1987 furent produites les variantes F-18C et D, respectivement monoplace de combat et biplace à usage mixte en combat ou entraînement. En mai 1988 fut disponible la variante "Night Attack", correspondant au type C/D amélioré dans son avionique pour effectuer des attaques de précision à toutes heures et dans toutes conditions. En 1991 fut présentée une proposition pour une version plus grande et de capacité supérieure qui reçut le nom de F-18E/F "Super Hornet", dont le prototype décollerait le 29 novembre 1995. En 1997 débuta la production des 12 premiers

▲ La U.S. Navy incorpore actuellement environ cinq cents F-18E/F "Super Hornet" pour remplacer ses variantes précédentes.

◄ Les remarquables prestations du F-18 ont été approuvées en combat réel. La Bosnie en est un exemple récent.

exemplaires d'un total prévu de 548 jusqu'en 2010.

Ses améliorations, déjà expérimentées en service, comprennent, entre autres détails, une plus grande capacité d'armement et de rayon d'action, un signature radar réduite, une exceptionnelle manœuvrabilité au combat fermé et une remarquable adaptation pour l'attaque terrestre. On est déjà en train de préparer la variante biplace EA-18 AEA (Airborne Electronic Attack) – F-18G "Growler" est la dénomination finale proposée – spécialisée en interférence électronique.

Utilisateurs

Outre la U.S. Navy et les Marines qui possèdent une bonne partie des appareils construits jusqu'à ce jour, le "Hornet" équipe des nations comme le Canada, l'Australie, la Malaisie, la Finlande, le Kuwait, la Suisse et l'Espagne, cette dernière ayant fait l'acquisition de 72 unités dans le programme FACA (Futur Avion de Combat et d'Attaque) et d'un lot complémentaire de 24 exemplaires d'occasion.

Le "Super Hornet" est un appareil de dernière génération. La U.S. Navy pense le maintenir opérationnel pendant 30 ans ou plus.

Caractéristiques remarquables

Fabriqués par McDonnell Douglas, le F-18 est capable de tenir aussi bien le rôle de chasseur de défense aérienne que celui d'avion d'attaque de précision

Détails

Qu'il s'agisse de sa variante monoplace ou biplace, il incorpore une cabine remarquable pour son ergonomie, son confort et sa complète pressurisation, dotée de trois écrans digitaux CRT, HUD frontal et d'un siège éjectable Martin-Baken SJU-5/6.

Ses deux turboréacteurs General Electric à double flux et faible rapport de dérivation peuvent passer d'une puissance relative à une postcombustion maximale en seulement 3 ou 4 secondes.

Pour garantir leur fonctionnement le plus longtemps possible les appareils actuels incorporent des réservoirs internes de 6.061 litres et disposent de trois points humides sous les ailes pour réservoirs auxiliaires de 1.250 ou 1.810 litres, tandis que la variante F peut contenir presque deux milles litres de combustible supplémentaire.

Capacité

La capacité d'accélération fournie par son dispositif de propulsion, les bonnes qualités pour le combat évolutif de la cellule et les possibilités de son radar multimode digital Hughes AN/APG-65 ou 73 pour détecter des cibles situées à presque une centaine de kilomètres ou combattre en modes air-air ou air-terre lui confèrent un excellent potentiel multimission.

Le solide train d'atterrissage conçu pour son

La précision lors d'attaque est une qualité inhérente au F-18.

utilisation sur les porte-avions permet à l'appareil d'opérer sur des pistes non préparées ; la possibilité de replier les sections marginales facilite son entrepôt en refuges ou lors d'opération de révision la perche escamotable située dans la partie supérieure avant permet son ravitaillement en vol .

Ses équipements intègrent des systèmes d'auto diagnostic BITE (Built In Test Equipment) qui réduisent considérablement les tâches de maintenance, en général, et celles de détection de pannes, en particulier.

Armement

Selon les variantes, les 9 ou 11 points d'ancrage externes permettent de fixer entre 7 et 8 tonnes d'armes.

Ces dernières incluent les missiles air-air de courte portée AIM-9 "Sidewinder" et ASRAAM, et ceux de moyenne portée AIM-7 "Sparrow" ou AIM-120 AMRAAM ou le canon multitube Vulcan M61A1 avec capacité de rythmes de feux instantanés pouvant atteindre 4.000 tirs par minute.

Les actions contre des cibles terrestres permettent l'emploi d'une gamme très variée d'armes, depuis les bombes à chute libre Mk82, Mk83 y Mk84 ou les missiles de précision AGM-65 "Maverik", missiles antiradar AGM-88 "Harm", missiles anti-navire AGM-84 "Harpoon" et leur variante multifonction SLAM jusqu'aux bombes nucléaires tactiques B57.

RENOUVELLEMENT
TECHNOLOGIQUE

Les attaques d'objectifs terrestres nécessitent l'utilisation d'appareils spécifiques. Le A-10 a été pensé pour contrecarrer, avec son canon multitube, des formations de blindés et de chars de combat soviétiques.

L'Espagne a récemment modernisé ses Mirage F1 au standard M les transformant en appareils d'attaque plus qualifiés que d'autres modèles antérieurs.

Les progrès survenus au cours des dernières années dans des domaines comme les matériaux spéciaux, l'électronique intégrée ou les capteurs ont rendu propice un nécessaire renouvellement des technologies utilisées pour concevoir, dessiner et fabriquer les nouveaux chasseurs bombardiers.

Nouveau potentiel

L'idéal ordinairement poursuivi est d'optimiser les procédés de fabrication de modèles de plus en plus capables et sophistiqués, en réduisant aussi bien leur coût que les frais de maintenance qu'ils génèrent tout au long de leur vie utile.

Capacités furtives

A titre d'exemple, les programmes appliqués à la réduction de la signature radar ou thermique des appareils et même à la diminution du bruit que produisent leurs moteurs. A cet effet, les recherches s'orientent vers des matériaux capables d'absorber les ondes prospectrices ou de les renvoyer vers des objectifs différents au moyen de revêtement spéciaux et peintures secrètes, ce pourquoi l'on exploite tout le potentiel actuel cybernétique dans la conception et le calcul de chaque détail.

A présent, les avions sont moins stylisés. Les encastrements des ailes, les prises d'air ou les dimensions de sorties d'échappement des turbines combinent des formes arrondies et anguleuses en fonction des plus complexes exigences. Annuler totalement l'efficacité des radars ennemis est peut être une chimère, mais des avions comme le Rafale ou le "Typhoon" ne sont

pas si loin d'y parvenir, ayant déjà réussi à être confondus avec des oiseaux en vol.

Capteurs plus sensibles

Radars à ouverture synthétique, capteurs infrarouges passifs, rapports chiffrés plus sûrs, systèmes d'interférence électronique actifs, leurres remorqués pour interférer les têtes chercheuses des missiles, le tout associé à une très large panoplie d'équipements qui améliorent les mesures de détection, indétectabilité et auto-survie préfigurent le prochain horizon de la guerre électronique.

Plus de létalité

Cette révolution est aussi en passe d'introduire de nouvelles familles d'armes air-air et air-terre. Les premières basent leur efficacité sur la capacité des missiles à réaliser des virages très fermés à très haute altitude et à suivre leurs objectifs, ou à les neutraliser lorsqu'ils volent à des centaines de kilomètres de la position propre. Ce dernier détail est aussi une caractéristique des armes air-terre. Les nouveaux missiles de croisière peuvent être lancés depuis des plates-formes aériennes et se diriger, de manière autonome jusqu'à des objectifs situés à presque 400 kilomètres, disséminant leurs sous-munitions intelligentes sur des zones précises. Le but recherché est que l'avion porteur demeure hors de portée des défenses ennemies, lesquelles devront concentrer leurs effort dans l'élimination des projectiles. En résumé : jeter la pierre et cacher sa main.

JSF
LA SOLUTION D'AVENIR

Avec la restructuration des divers programmes aériens américains en cours depuis les années 80, on assista en 1993, sous les auspices de la DARPA (Defense Advanced Research Projects Agency), à un développement commun beaucoup plus ambitieux qui profiterait des divers investissements déjà réalisés.

Il s'agit du modèle polyvalent JSF (Joint Strike Fighter), pensé pour satisfaire les besoins de la Force Aérienne, de la Marine et des Marines, projet pour lequel se sont déjà engagées d'autres nations, les prévisions de fabrication dépassant les trois milliers d'exemplaires jusqu'en 2020.

Programme partagé

L'idée était de configurer une conception de base capable d'habiliter diverses options qui serviraient tant à remplacer les AV-8B "Harrier" que le maudit projet A/F-X, né pour la mise au point du remplaçant du A-12 "Avenger" II, et qui ne parvint jamais à quitter les tables à dessin.

Dans un premier temps, la U.S. Navy, qui était la destinataire du précédent, et les U.S. Marines, qui utilisaient le premier, furent les états promoteurs ; peu après, la U.S. Air Force ajouta ses synergies pour encourager un développement capable de satisfaire les

◄ *Il est prévu de vendre entre trois et six mille exemplaires du JSF X-35 au cours des vingt prochaines années.*

▼ *Ce monomoteur sophistiqué dominera les trois prochaines décennies.*

trois parties avec une solution intermédiaire aux exigences spécifiques de chacune, tout en prévoyant l'arrivée d'options substantiellement différentes.

Options industrielles

Le plan démarra sous le sigle JAF (Joint Advanced Fighter). Son importante dimension économique entraîna une série de regroupements industriels en vue du concours. Le Département de Défense appuya l'offre en annulant d'autres programmes –comme le MRF (Multiple Fighter)– ou en réduisant les demandes d'appareils comme les F-16 et F-18.

Le 27 janvier 1994 – année où allaient débuter également les contacts avec le Royaume Uni, à la recherche d'une alternative pour remplacer ses Tornado et Jaguar– fut établi le Bureau de Programme, qui commença par fixer les prémisses génériques (configuration monomoteur, cabine monoplace, matériaux composites et réduction maximale de la signature radar) d'un projet estimé à un montant supérieur à deux cents milliards de dollars et qui prévoit l'avènement d'une option de base X-35A –le X par référence au prototype et qui sera remplacé par un F– , d'une navale connue comme X-35C, et l'apparition du modèle à décollage vertical X-35B ou l'option STOVL (Short Take-Off Vertical Landing).

Les trois options qui conserveront entre 70 et 90% d'éléments communs se présentent comme étant plus économiques que d'autres propositions du marché, même celles concernant les modèles qu'elles vont remplacer.

Propositions en lice

Dans un premier temps, on étudia les propositions de Boeing, Lochkeed Martin, McDonnell Douglas et Northrop Grumman. Leurs ébauches –pour le moins variées– avaient été validées sur des maquettes en souffleries, tandis qu'on définissait le type de turbine dont elles devaient être équipées : soit la F119 de Pratt & Whitney ou la YF120 de General Electric.

Choix et validation des prototypes

Au début de 1996 on choisit le sigle JSF et l'on découvrit le nom des deux vainqueurs : Boeing et Lockheed Martín. Les deux entreprises – en réalité associées avec d'autres firmes – reçurent chacune un contrat initial de 1 milliard cent millions de dollars pour pouvoir aborder la phase CDF (Concept Development Fase) d'évaluation de prototypes avec épreuves dynamiques réelles et qui ne s'étendrait pas au delà de l'an 2000 ; à ce montant il faut ajouter d'autres chiffres plus significatifs rapportés par les groupes industriels respectifs concernant l'hypothèse de fabrication de 1.763 exemplaires pour la U.S. Air Force, 609 pour les Marines, 480 pour la Navy et 150 pour la Royal Air Force et la Royal Navy britanniques. Ajoutons qu'à l'époque, l'intérêt de pays comme le Canada, la Hollande, Israël, l'Italie ou la Turquie augmenta sensiblement les perspectives de vente.

Retards attendus

Les prévisions de validation des prototypes dans leur triple configuration furent respectées, n'accusant que de très légers retards,

◀ *Le développement du JSF n'a pas prévu de variantes biplaces pour l'entraînement des pilotes, et l'on fait appel à de complexes simulateurs pour cette tâche importante.*

▼ *Une demie douzaine de gouvernements ont déjà manifesté leur intérêt pour le JSF X-35. Et ce n'est encore qu'un prototype.*

en raison surtout du désir de la part des futurs utilisateurs de vérifier et comparer les prestations et possibilités des deux conceptions. Le vendredi 26 octobre 2001, à 16 heures 30, heure de Washington DC, fut connue la conclusion définitive : on choisissait le X-35 de Lockheed Martín face à la proposition du X-32 de Boeing, considéré à plus fort risque en dépit de résultats qui furent également très satisfaisants.

Démarra alors la phase SDD (System Development and Demonstration) prévue pour durer jusqu'en 2008, moment où seront disponibles les premiers exemplaires ; l'union de Northrop Grumman avec le britannique BAE Systems se vit remettre la somme d'environ 19 milliards de dollars pour compléter le développement, auxquels il faut ajouter les 4.000 que recevra Pratt & Whitney Military Engines pour mettre au point les deux variantes du modèle F.119.

Travail partagé

Le groupe industriel vainqueur doit avancer pour construire un total de 14 avions prêts à voler et 6 à 7 unités pour des essais sur terre ; le premier de ces appareils devrait être prêt en 2005 et tous les autres en 2008. Sauf changements, on commencera par ceux destinés aux Marines puis à partir de 2012 on équipera la U.S. Air Force pour faire face ensuite aux besoins de la U.S. Navy et à ceux des Anglais.

▲ *La capacité de ravitaillement en vol augmente son rayon d'action déjà considérable au départ.*

◄ *Les validations, qui comprirent des vols sur les deux côtes des États-Unis, confirmèrent sa parfaite autonomie*

► *L'intelligente combinaison des formes, de la furtivité, des prestations et des capacités du JSF est l'élément le plus représentant de l'ingénierie aéronautique militaire.*

La Hollande a décidé d'apporter sa participation au niveau 2 ; la Pologne souhaite concrétiser une collaboration associée à l'acquisition de son nouvel avion de combat ; le Canada remplacera avec ce modèle ses F-18 ; l'Australie étudie actuellement les options industrielles qui lui sont proposées pour configurer son propre projet Air 6000 ; la Norvège a également manifesté son intérêt et même Israël qui va tirer bénéfice de ce projet d'abord grâce à la participation étendue de l'usine Elbit et ensuite avec l'acquisition de plusieurs centaines d'appareils.

Configuration avancée

Chez les X-35, on remarque la furtivité extrême des formes ; leur mélange adapté de matériaux composites et sophistiqués qui réduisent leur poids, augmentent la rigidité et diminuent les coûts ; la remarquable visibilité qu'offre la cabine ; le radar à ouverture synthétique à haute résolution, longue portée et grande précision ; leurs systèmes de rapports chiffrés avec transmissions de données ; leurs dispositifs de survie ; leur soute à armement équipée de missiles air-air et de deux bombes guidées d'une tonne et enfin complétée par un canon interne Mauser de 27 millimètres ; un rayon d'action élevé représentant le double de celui d'un F-18C pour la variante navale ; la faible consommation de combustible à vitesse élevée ; sa capacité à décoller et à atterrir sur des pistes courtes ou semi préparées et la gestion redondante des différents processeurs pour qu'aucune panne ne puisse compromettre le déroulement de la mission.

ARMEMENT
AIR-AIR

La nécessité d'équiper les appareils de chasse de tout type de missiles spécifiques a débouché sur d'innombrables projets de développement d'armes telles que les américaines Bell «Eagle», Hughes «Falcon» et Grumman «Phoenix» ou les soviétiques AA-1 «Alkali», AA-3 «Anab», AA-4 «Awl» et AA-5 «Ash».

Les générations suivantes de chasseurs bombardiers sont arrivées accompagnées de missiles capables de réaliser des manœuvres plus rapides et d'atteindre leurs cibles à grande distance, comme les français Matra «Magic» et R530, les britanniques «Red Top» et «Sky Flash», l'italien «Aspide», les «Shafrir» israéliens... que l'on a dissimulés avec de nouvelles variantes et des modèles plus avancés qu'aujourd'hui.

Infrarouges sophistiqués

Dans le segment inférieur à cette catégorie, on trouve l'américain FIM-92 «Stinger» AA, le russe SA-18 «Grousse», le britannique «Starstreak» et le français ATAM, une variante spécifique du «Mistral», conçus pour doter les hélicoptères d'attaque d'une certaine capacité d'auto-défense air-air contre des appareils similaires ou des avions en vol lent comme ceux de transport et de reconnaissance ; le principe de fonctionnement étant du type «tire et oublie» puisque leur tête chercheuse se fixera sur l'objectif jusqu'à l'impact obtenu.

Sidewinder

De taille et de portée supérieures à celles de ses prédécesseurs, il s'agit des multiples conceptions s'inscrivant dans le sillage du Hughes «Sidewinder» qui assure la défense à courte distance sur la plupart des chasseurs occidentaux. Un exemple, le français «Magic», dernièrement représenté par sa version 2 qui peut être tiré quelque soit le mouvement de vol de l'avion porteur.

Gamme variée

Issus plus ou moins des précédents, de ceux qui dans certains cas ont profité de composants ou amélioré les caractéristiques, nous trouvons les sophistiqués Raphael «Shafrir»2, «Phyton»3 – responsable de 50 destructions d'avions syriens dans la vallée de la Bekaa – et «Phyton» 4 israéliens, les CATIC PL-5, PL-7, PL-8, et PL-9 chinois, l'Orbitas Sistemas Aeroespaciais MAA-1 «Piranha» brésilien, et les sud-africains Denal «Kukry», «Darter» et «U-Darter» qui intègrera poussée vectorielle et chercheur «focal plane array» capable

◀ *Les nouveaux modèles russes égalent voir dépassent la capacité des modèles proposés par la concurrence, pour un prix demeurant inférieur.*

▶ *Plusieurs pays du monde, de la Chine au Pérou, connaissent bien les prestations des missiles air-air russes. L'arrivée de ces surdoués dans un pays déterminé peut supposer une déstabilisation locale, avec d'autres gouvernements aspirant à posséder des engins similaires.*

de distinguer l'image thermique générée par l'objectif et celle du fond.

Surprise soviétique

Les caractéristiques du missile Vimpel AA-11 «Archer» équipant les appareils d'origine soviétique et dont l'Allemagne dispose d'un lot qui faisait partie de l'arsenal des MiG-29 de l'ancienne République Démocratique, causèrent un grand trouble en Occident. Muni d'un chercheur capable de fixer des cibles situées à 45° de son axe, d'une portée de 30 Km et profitant d'une excellente maniabilité du fait de la poussée vectorielle de son propulseur, il est beaucoup plus sophistiqué que ce que l'on croyait et dépasse haut la main ses homologues occidentaux.

Réponse d'avenir

Pour lui faire face, sont apparus le Matra Bae ASRAAM, intégrant un chercheur, refroidi par argon et azote, très résistants aux contre-mesures et à la capacité de détection sur longue distance, l'allemand Bodenseewerk Gerätetechnik IRIS-T aux caractéristiques remarquables quant à la portée et à la maniabilité, et le français Matra MICA qui combine une tête de combat de grande efficacité, un propulseur sophistiqué qui lui confère une portée de 50 Km et la possibilité de lui ajouter, selon l'opération, une tête de combat avec capteur infrarouge ou guidée par radar.

Guidage radar

D'origine américaine et très bien implanté au niveau mondial, le AIM-7 «Sparrow», utilisé actuellement, correspond aux versions F, M et P équipées d'un radar chercheur semi-actif à mono-impulsion. Il offre une meilleure résistance aux contre-mesures électroniques et dans le cas des deux versions, une tête explosive à fragmentation. De celui-ci s'inspirent le Alenia «IDRA/Aspide Mk2» italien, le britannique BAE «Sky Flash» et quelques copies chinoises un peu plus longues appelées PL-10 et PL-11 fabriquées par CATIC, sa contrepartie française étant le Matra Super 530D.

Comme évolution logique du «Sparrow» apparut le Hughes AIM-120 AMRAAM guidé par radar actif, d'une portée de 50 Km et doté de substantielles améliorations électroniques. De capacité actualisée, le Hughes AIM-54C+ est la variante la plus avancée du «Phoenix» qui travaille associé au F-14 «Tomcat », possède un guidage radar et une portée de 150 Km ; toutefois ce missile va bientôt être retiré.

Face à la gamme variée proposée par les

▲ Lancement d'un missile air-air de type infrarouge.

◄ Le développement d'un nouvel avion de combat se fait généralement de façon parallèle à celui de nouvelles conceptions d'armes destinées à son équipement.

► Les missiles infrarouges à courte portée «Sidewinter» peuvent faire face à tout type de menaces aériennes. Ces affûts doubles combinent une capacité renforcée.

industries occidentales, la Russie a réalisé un grand effort pour équiper ses chasseurs d'une très large panoplie. Exemple, les AA-6 «Acrid» R-46, AA-7 «Apex» R-24R, AA-8 «Aphid» R-60, AA-9 «Amos» R-33 et sa variante évoluée R-37 destinées à l'appareil d'interception MiG-31 «Foxhound», AA-10 «Alamo» R-27 en configurations qui atteignent des distances comprises entre 40 et 110 Km, AA-12 «Adder» ou R-77 «AMRAAMSKI», et le AAM-L capable d'atteindre des objectifs situés à 400 Km.
Les Américains ont mis au point le AIM-120 AMRAAM et plusieurs pays européens ont signé le développement du «Meteor», missile qui équipera les nouvelles générations de combat.

Missiles infrarouges

(*) HE, High Explosive ou hautement explosive.

Désignation	Origine	Portée	Fusée	Poids	Tête explosive
MAA-1	Brésil	5 Km	Laser actif	90 Kg	12 Kg HE fragmentée*
PL-9	Chine	5 Km	Laser actif	120 Kg	10 Kg HE
R-550 Magic 2	France	5 Km	Rayon fréquence	90 Kg	13 Kg HE fragmentée
MICA IR	France	50 Km	Radar actif	110 Kg	12 Kg HE fragmentée
Python 4	Israël	15 Km	Laser actif	105 Kg	11 Kg HE fragmentée
ASRAAM	Grande Bretagne	15 Km	Laser actif	87 Kg	HE fragmentée
IRIS-T	Allemagne	12 Km	Laser actif	87 Kg	11,4 Kg HE fragmentée
U-DARTER	Afrique du Sud	8 Km	Laser actif	96 Kg	17 Kg HE fragmentée
AIM-9X Sidewinder	Etats-unis	10-15 Km	Combinée	84 Kg	10 Kg HE fragmentée
AA-8 Aphid	Russie	3-5 Km	Radar ou laser	65 Kg	6 Kg HE fragmentée
AA-10 Alamo	Russie	40-70 Km	Radar actif	254-350 Kg	39 Kg
AA-11 Archer	Russie	20-30 Km	Radar actif	105-110 Kg	7,4 Kg HE fragmentée

Missiles guidés

(*) HE, High Explosive (Alto explosivo).

Désignation	Origine	Portée	Fusée	Poids	Tête explosive
PL-11	Chine	25 Km	--	220 Kg	HE fragmentée*
MICA AR	France	50 Km	Radar actif	110 Kg	12 Kg HE fragmentée
Aspide	Italie	40 Km	Radar actif	220 Kg	30 Kg HE fragmentée
AIM-7P Sparrow	Etats-Unis	45 Km	Radar actif	230 Kg	39 Kg HE fragmentée
AIM-120 AMRAAM	Etats-Unis	50 Km	Radar actif	157 Kg	22 Kg HE fragmentée
AA-9 Amos	Russie	100 Km	Radar actif	490 Kg	47 Kg HE
AA-12 Adder	Russie	50 Km	Laser actif	175 Kg	30 Kg HE fragmentée
R-37	Russie	150 Km	--	600 Kg	60 Kg HE fragmentée

LES GRANDS
BOMBARDIERS AMÉRICAINS

Après les grandes opérations de bombardement de villes et d'objectifs stratégiques réalisés au cours de la deuxième Guerre Mondiale, Corée et Vietnam, il semblait qu'allait primer la recherche d'appareils capables d'effectuer des attaques de précision plutôt que de saturation.

Il n'en fut pas ainsi et le gouvernement américain encouragea la fabrication d'une gamme incluant les appareils d'attaque General Dynamics F-111 "Aardvark et les bombardiers B-1B "Lancer" et B-2 "Spirit", ainsi que diverses actualisations de la flotte de B-52 "Stratofortress" qui, ayant été d'un bon rendement lors de la guerre d'Afghanistan en 2002, sera sans doute maintenue opérationnelle jusqu'en 2040.

B-2A "Spirit"

Le programme secret pour la construction d'un bombardier avancé débuta en 1978 et en 1983 on y ajouta la contrainte de basse altitude. La fabrication de 6 exemplaires d'essais, qui ensuite seraient transformés en appareils opérationnels fut confiée au groupe Northorp Grumman ; le premier d'entre eux fut achevé sur le Site 42 de Palmdale le 22 novembre 1988 et le 17 juillet de l'année suivante, il décolla de la Base de Edwards.

Acquisition

La prévision initiale d'incorporer 133 B-2, prototypes compris, fut revue à la baisse en 1991, d'abord à 76 et finalement à 21, nombre minimum considéré comme rentable par la U.S. Air Force en raison de son coût élevé de maintenance générale et à celui des installations spéciales que nécessite la restauration de sa "furtivité". Ensuite, au cours de missions réelles comme celles de Bosnie ou d'Afghanistan, ils prouvèrent leur capacité à parcourir, grâce à de successifs ravitaillements en vol, l'espace séparant leurs objectifs de leurs bases aux États-Unis et à revenir sans escale, toute une réussite de l'aéronautique militaire américaine.

Avancée technologique

L'exceptionnelle réduction de sa signature radar se base sur une conception très plane et un strict contrôle informatique du procédé de fabrication avec l'incorporation de matériaux avancés capables d'absorber les radiations, l'intégration dans le fuselage

◀ *Ce modèle peut voler depuis les Etats-Unis jusqu'en Europe, lancer son chargement de bombes de précision et revenir à sa Base...sans escale!*

▼ *Les bombes guidées JDAM renforcent les 'Spirit' dans leur activité principal : la neutralisation d'objectifs terrestres.*

du dispositif de propulsion et l'adoption de mesures de réduction de la signature infrarouge ou bien encore l'emploi d'une couche de peinture/revêtement spécial, dont on a appris récemment qu'elle subit des dommages en vol, et dans certaines conditions climatiques.

Caractéristiques

La section centrale accueille dans sa partie avant la cabine de vol pour les deux pilotes –avec de la réserve pour un troisième si nécessaire plus tard– et dans celle de derrière deux soutes d'armes avec un lanceur rotatif dans chacune d'elles, la partie supérieure accueillant pour sa part un réceptacle pour le ravitaillement en vol de combustible qui lui permet d'atteindre n'importe quel endroit de la planète. Les sections latérales se partagent 4 moteurs General Electric F118-GE-100 sans postcombustion, pour compliquer sa localisation, et d'une poussée unitaire de 8.125 Kg. Au dehors se trouvent deux ailes en flèche au bord extérieur absorbant et intérieur en forme de double W inversé intégrant les organes de commande qui permettent ses mouvements.

L'équipement intérieur, dont la plus grande partie est encore désignée "secret", inclut un radar Hughes AN/APQ-181 à bande J avec 21 modes d'opérations appelé LPI (Low Probability of Intercept), un Tacan Rockwell-Collins TCN-250, élément de positionnement global GATS (GPS-Aided Targeting System), des équipements d'appui électronique Loral Federal AN/APR-50 RWR et Northorp Grumman ZSR-63, et de communications Milstar par satellite.

Onéreuses améliorations

De récentes sources indiquent que 700 millions de dollars seront nécessaires pour améliorer son radar, car sa technologie datant des années 80 ne considérait pas l'environnement radioélectrique actuel, avec les problèmes de fréquence qui en découlent. On estime pouvoir installer un radar de type hybride qui serait disponible vers 2010, mais la solution véritable reste à déterminer.

Rockwell B-1B "Lancer"

En 1962 débutèrent les études autour d'un bombardier de pénétration stratégique à basse altitude qui remplacerait le B-52 dans les années 80 et en novembre 1969 un appel d'offres fut lancé à l'industrie. En juin 1970, on décida de retenir la proposition de la North American Rockell.

Prototypes

Avec 5 prototypes commandés, puis finalement 4, les travaux de fabrication s'effectuèrent sur le Site 42 de Palmdale en Californie et le premier vol eut lieu le 23 décembre 1974.

Suite à l'annulation du projet initial par le

Ces appareils volent ordinairement de façon individuelle pour attaquer un ou plusieurs objectifs simultanément. Il n'en existe qu'une vingtaine mais leur pouvoir d'intervention sur toute la planète fait de chacun d'eus une arme de type stratégique.

président Carter, le président Reagan autorisa en octobre 1981 la fabrication d'une centaine d'appareils B-1B comprenant diverses modifications par rapport au modèle original puisque l'on avait détecté plusieurs défauts de conception.

Incorporation

Le dernier appareil sortit d'usine le 20 janvier 1988, l'ensemble étant destiné à compléter les flottes des bases de Dyess, Ellsworth, Grand Forks et McConnel avec déploiements alternatifs en d'autres endroits.

Leur mise en service fit l'objet de rapports négatifs de capacités, notamment celles du système d'autoprotection et de fermeture des réservoirs de combustible intégral. Ils furent donc limités à l'utilisation d'armement conventionnel.

Toutefois, avec le temps et de gros investissements, les premiers défauts ont disparu et leurs actions en Bosnie ou en Afghanistan accréditent leur validité pour des pénétrations et des bombardements à faible altitude.

Configuration

La cabine intègre une avionique digitale avancée, une section avant, où voyagent le pilote et le copilote, intégrant pare-brises avec écrans en aluminium démontables qui les protègeraient des éclats provenant des explosions, et une section arrière où travaillent deux spécialistes en systèmes offensifs et défensifs ; les quatre passagers disposent de sièges éjectables type ACES II.

Avec des canards plats à dièdre négatif et contrôlés par ordinateur, placés sous la cabine avant, pour améliorer le vol à faible altitude, la principale caractéristique est l'inclusion de deux semi ailes à flèche variable, faites en partie d'alliage de titane 6AL-4V, pour augmenter la sustentation.

Capacité

Quatre turbocompresseurs General Electric F101-GE-102, placés dans deux gondoles sous les ailes, lui confèrent une poussée proche des 55.000 Kg, suffisants à son activité de bombardement pour laquelle est alors très utile sa soute interne qui loge trois lanceurs rotatifs ou 8 points d'ancrage sous le fuselage, avec possibilité de positionner sur certains d'entre eux des réservoirs de combustible supplémentaire.

Son complexe équipement d'autodéfense électronique inclut 108 éléments et est basé sur le système AN/ALQ-161, tandis que sa signature radar s'est réduite de manière substantielle grâce à l'incorporation de tuyères fixes d'admission avec écrans réflecteurs, à l'adoucissement des carénages de l'extrados, à l'intégration de matériaux absorbants de radar et au changement de sa peinture pour un gris/vert qui diminue sa signature infrarouge.

La future implantation du programme CMUP (Conventional Mission Upgrade Program) augmentera la fidélité du radar, améliorera le système de communications avec la radio Rockeell Collins AN/ARC-210 et les contre mesures électroniques au moyen du système IDECM RF.

Malgré leur modernité, il est question de retirer un lot de quarante "Lancer" et de les réserver pour des opérations à venir. Leurs prestations ont été dépassées par la technologie "stealth".

Attaque conventionnelle

Le B-1B "Lancer" avec une capacité de 60 tonnes d'armes peut transporter des missiles AGM-86B/C ALCM (Air Launched Cruise Missile) ou AGM-129 ACM (Air Cruise Missile) équipés de tête conventionnelle ou de sous-munitions, des bombes à chute libre hautement explosives Mk84 de 907 Kg et Mk82 de 227 Kg, des mines Mk36 ou Mk62, ainsi que des bombes type cluster avec sous-munitions.

Le B-2A "Spirit" avec une capacité de 18 tonnes d'armes peut quant à lui supporter un transport de missiles AGM-136 ACM (Air Cruise Missile) et AGM-137 TSSAM (Tri-Service Standoff Attack Missiles) équipés de tête conventionnelle ou de sous-munitions, de bombes à chute libre hautement explosives Mk84 de 907 Kg et Mk82 de 227 Kg, mines Mk36 ou Mk62, bombes type cluster CBU 87/89/97/98 avec sous-munitions. D'autre part, la possibilité de lancer des bombes guidées par laser est en cours de réalisation.

Attaque nucléaire

Pour l'instant abandonnée, bien que dans ses lanceurs et ses points d'ancrage il puisse loger des combinaisons de missiles AGM-69A SRAM (Short Range Attack Missile), missiles AGM-86B/C ALCM, et bombes à chute libre B-61, B61-11 pénétrantes, toutes deux de type tactique et stratégique et des B83 stratégiques, missiles de croisière et missiles AGM-137 TSSAM équipés de tête et bombes à chute libre B-61, B61-11 et B83.

Armes

	B-1B Lancer	B-2 Spirit
Capacité	60 tonnes d'armes	18 tonnes d'armes
Caractéristiques		
Coût en dollars :	200 millions	1.000 - 2.000 millions
Dimensions :		
Longueur	44,81 m	21,03 m
Hauteur	10,36 m	5,18 m
Envergure	41,67 m avec ailes étendues 23,84 m avec ailes pliées	52,43 m
Surface de voilure	181,2 m²	465,4 m²
Poids :		
À vide	87.090 Kg	49.900 Kg
Charge armes interne	34.019 Kg	18.144 Kg
Charge armes externe	26.762 Kg	N'en transporte pas
Combustible	88.450 Kg	90.720 Kg
Poids maximum décollage	216.365 Kg	170.550 Kg
Propulsion :	4 turbofans avec postcombustion General Electric F-101-GE-102 d'un rendement total de 52.325 Kg de poussée	4 turbofans sans post combustion General Electric F-118-GE-100 d'un rendement total de 32.500 Kg de poussée
Prestations :		
Plafond en service	18.000 m	15.240 m
Vitesse maximum	Mach 1,25	Mach 1
Vitesse de pénétration	965 Km/h	Mach 1
Vol tactique	à 62 m du sol	------
Portée maximale	12.000 Km	12.231 Km

LA NOUVELLE GÉNÉRATION
D'ARMES AIR-TERRE

▲ *Missiles guidés comme le "Martel" français qui combinent grande marge de sécurité avec précision élevée.*

Il fallut attendre la Guerre du Vietnam pour que, grâce à l'utilisation des premières armes à guidage de précision, l'on fisse un pas en avant spectaculaire dans la capacité aérienne d'attaque de tout type d'objectifs. Cette évolution, permanente, n'a cessé de prouver jusqu'à aujourd'hui, tant dans le Conflit des Malouines que lors de la Guerre du Golfe, que le pouvoir aérien est fondamental au maintien d'une totale supériorité.

Tir tendu

La plupart des chasseurs bombardiers utilisent aussi bien les containers pour mitrailleuses légères que les canons intégrés dans la structure de l'avion porteur. Les premières sont généralement du type moyen et de calibre 7,62 x 51 mm (.308 Winchester) ou du type lourd, lançant des munitions du calibre 12,70 x 99 mm, tandis que les seconds constituent la base de tout avion de combat. Parmi les nombreux modèles présents sur le marché, à noter les multitubes américains Vulcan de 20 et 30 mm, les monotubes allemands de 27 mm, et enfin les suisses, russes et français de 30.

Chute libre et sous-munitions

Leur typologie inclut les conventionnelles, celles de faible résistance –plus aérodynamiques–, les freinées qui intègrent des parachutes ou des dispositifs de retardement permettant la fuite de l'avion lanceur, les freinées-accélérées qui allument une fusée juste avant leur impact, les anti-piste destinées à endommager les bases aériennes, les incendiaires contenant des liquides hautement inflammables, –le fameux "NAPALM"–, les air-combustible à grand effet explosif, et celles de

▲ *Pour garantir l'auto-survie des pilotes, on a élaboré ce type de containeurs que l'on lance contre un objectif et qui se dirigent de façon autonome contre celui-ci depuis des centaines de kilomètres.*

bouquet qui renferment à l'intérieur plusieurs types de sous-munitions.

Les plus fameuses et copiées sont les américaines de la famille Mk, les autres étant les Kadar égyptiennes, Expal espagnoles dans leurs multiples variantes, Durandal, BAP et BL françaises, FAB yougoslaves, WB chiliennes, KAAKAA irakiennes, et Betab ou AO/AOkh russes ; une exception, la BLU-82 américaine de 6.800 Kg transportée par un MC-130H Hercules, surnommée "le coupeur de pâquerettes" lors du récent conflit afghan à cause de ses effets de balayage.

Les sous-munitions sont de petits engins explosifs, mines ou autres artifices qui, au moyen de bombes ou de containers fixes ou autopropulsés se disséminent sur une zone pour causer une multitude de petits dégâts. Parmi les nombreux modèles disponibles, à noter les Damocles et BL755 britanniques, BLG66 Belouga français, MW-1 allemand, CBU's et JSOW américains, CB chilien, KMG-U russe, CB470 sud africain et BME 330 espagnol.

Bombes guidées

Le système validé au Vietnam de bombes à guidage laser ou guidées par procédé électro optique

▼ *Bombe guidée israélienne, un des facteurs de son auto-suffisance dans la région.*

et maintenu jusqu'alors sur des modèles plus précis et avancés, consiste à installer une tête de guidage sur le nez de la bombe et à la pourvoir d'un système de contrôle de pilotage sur les ailettes. Un opérateur installé sur le siège arrière du même avion, un indicateur infiltré au sol, un container avec équipement autonome, un autre avion, etc., peuvent servir à éclairer la cible au moyen d'un signal qui sera capté par la bombe et qu'elle suivra jusqu'à atteindre le point d'impact souhaité. Actuellement sortent de multiples modèles parmi lesquels les BLU-109/B américains, LGB de 400 et 1.000 Kg françaises, les Griffin, Pyramid et Guillotine israéliens, les KAB-500L russes, et les GBU-24, 27 et 28 de la famille américaine Paveway III.

Au cours des dernières années ont été cautionnées d'autres options de guidage comme les américains MK-82 GPS Guided Taikit y Mk-84 GATS/GAM, qui incluent un récepteur GPS (Global Position System) captant la déviation de la bombe par rapport à un point précis d'impact prévu et donnant les ordres au système de contrôle pour l'atteindre. Autre développement curieux, celui de la BARF (Booster Anti Radar Bomb) sud africaine, qui comprend une bombe Mk82 de 250 Kg munie d'un chercheur qui reçoit un radar passif et un système d'ailettes mobiles pour l'orienter jusqu'à l'objectif.

Les JDAM sont devenues une référence très appréciée pour son coût et sa précision. Munies d'ailettes mobiles et d'un système de guidage GPS, elles ne requièrent pas d'éclairage préalable au lancement, qui peut être effectué à haute altitude pour obtenir une portée plus importante.

Les dernières générations d'armes air-terre ont reçu le qualificatif d'"intelligentes" du fait qu'elles s'orientent de façon autonome vers leurs objectifs, les localisent et attaquent avec une grande précision.

Missiles spécialisés :

Pour des missions précises ou à objectifs multiples, il existe une large gamme de missiles dont chaque modèle intègre une ogive explosive adaptée au besoin, un moteur de croisière avec suffisamment de combustible pour garantir des portées pouvant aller jusqu'à 100 Km sur les modèles normaux et qui s'élèvent à des milliers de kilomètres dans le cas de missiles de croisière, enfin, un système de guidage avec capacité pour éviter les accidents du terrain et discerner les cibles.

Parmi ceux d'usage ordinaire, on trouve les AGM-65 "Maverik", "Harpoon" Block II avec tête de sous-munitions, SLAM et SLAM ER américains, Martin Pescador argentin, RB05 suédois, AS 30L français, et AS-7 "Kerry", AS-10 "Karen", AS-14 "Kedge", Kh-25L et Kh-29L russes. Dans les spécialisés anti-navire à noter le "Kormoran" 2 allemand, "Sea Eagle" et "Sea Skua" britanniques, "Gabriel" israélien, "Exocet" français, AGM-84 "Harpoon" américain, RBS 15 suédois, AGM-119 "Penguin" Norvégien, X-15C, X-31 et X-35 russes, et "Marte" 2 italien. Parmi les anti-radar figure le britannique ALARM, le français "Martel", le BARB sud africain, les russes AS-9 et X-25M, et l'américain AGM-88 "HARM" (High Speed Anti-Radiation Missile), dont il existe déjà une nouvelle variante améliorée.

L'option nucléaire

À des fins tactiques tout autant que stratégiques, sur le champ de bataille moderne est prévu l'emploi aussi bien de bombes nucléaires que de divers types de missiles pourvu d'une ogive atomique.

Dans les bombes, à noter les américaines B61 et B83, tandis que parmi les missiles figure le français ASMP, les différents types de missiles de croisière américains et les sophistiqués modèles russes.

Capacité des armes air-terre

Arme	Canon, généralement de 20, 27 ou 30 mm.
Objectifs	Permet l'attaque de cibles peu protégées comme des convois de camions, véhicules blindés légers, réserves de combustible, centres de commandement, etc.
Fusées	Employées à blanc, elles permettent de saturer une zone étendue, leurs effets étant considérables contre des troupes peu protégées ou des véhicules légers.
Systèmes de dispersion de sous-munitions	Lancent des bombes de petites tailles ou des mines pourvues de dispositif anti-remuement pour provoquer de multiples impacts sur une zone déterminée, étant utiles contre des objectifs ou pour freiner l'avancée de troupes terrestres.
Bombes à chute libre	Pesant ordinairement entre 125 et 1.000 Kg Elles intègrent une charge explosive dans un corps métallique suffisant à atteindre des cibles peu protégées.
Bombes antipistes	Conçues pour endommager les pistes de décollage et empêcher la réaction de l'ennemi.
Bombes guidées	Associés au radar de l'appareil porteur, à un équipement infrarouge ou de télévision, ils ont une portée intermédiaire et permettent de détruire des cibles nécessitant une précision tels que ponts, refuges, navires...
Missiles guidés	Associés au radar de l'appareil porteur, à un équipement infrarouge ou de télévision, ils ont une portée intermédiaire et permettent de détruire des cibles nécessitant une précision tels que ponts, refuges, navires...
Missiles anti-radar	Elles localisent les émissions des radars de détection et de guidage, se fixant sur les ondes émises pour les atteindre et détruire les lanceurs de missiles anti-aériens associés.
Missiles anti-navire	Disposant d'un propre système d'autoguidage, ils peuvent atteindre des bâtiments en navigation situés dans un rayon de 100 Km, l'un d'entre eux étant capable de couler un navire de 4.000 tonnes.
Armes nucléaires	Ordinairement d'emploi tactique, ils combinent missiles et bombes à chute libre avec têtes atomiques de puissance limitée, suffisantes pour retarder la progression de l'ennemi ou détruire des cibles de grande importance.

◀ *Le rayon d'action des bombardiers dépend de leur poids, ce qui explique que l'on s'oriente vers des configurations avec peu d'armes mais très précises.*

▼ *L'attaque d'objectifs terrestres à l'aide d'armes guidées s'est considérablement simplifiée dernièrement, atteignant des marges d'erreur minimales.*

AVIONS
DE TECHNOLOGIE FURTIVE

◀ *Assez proche de celle du F-16 dans sa conception intérieure, la cabine du monoplace F-117 possède une ergonomie optimale et ses formes extérieures réduisent au maximum le retour d'échos provenant de radars de détection.*

▶ *La présentation du F-117 "Night Hawk" au public créa la surprise à cause de sa ligne et de ses prestations insolites.*

Suivant l'exemple des recherches réalisées en 1962 par le scientifique soviétique Pyots Ufimtsev, la Force Aérienne américaine entama en 1974 diverse évaluations, conduites par la DARPA (Defense Advanced Research Projects Agency), et concernant les possibilités de réalisation d'un appareil aux capacités nécessaires à l'obtention de son invisibilité.

Conception

Le programme XST d'avion à faible détectabilité fut confié à l'entreprise Lockheed qui avait déjà réalisé le modèle espion SR-71 "Blackbird".

La Division de Développements Spéciaux travailla à partir de 1975 sur la conception des formes déterminées qui dévieraient les rebonds des ondes radar et des matériaux nécessaires pour les absorber. Opérant de nuit et muni du blindage adapté pour les échappements de réacteurs, il serait virtuellement difficile de le localiser et de l'intercepter.

Validation

A l'aide d'une maquette à l'échelle pour vérifier, à l'intérieur de la chambre sourde, le rendement de la conception et d'une autre fidèle à la normale pour mesurer le résultat réel obtenu, on a pu obtenir un modèle qui fournissait une mileava partie de l'écho des exemplaires antérieures.

Les résultats positifs encouragèrent la construction de deux prototypes du "Have Blue", dont le premier décolla pour la première fois en décembre 1977.

Après les essais, 5 exemplaires de présérie furent commandés. Le premier d'entre eux pris son envol le 18 juin 1981 depuis les secrètes installations de Tonopah dans le désert de Nevada. Suivirent 59 exemplaires de production inscrits aux budgets de 1980 à 1988.

Stealth

L'existence du F-117A "Black Jet" –nom qu'il reçut au départ jusqu'à sa désignation définitive de "Night Hawk" – fut rejetée systématiquement par la U.S. Air Force, et cela jusqu' au 10 novembre 1988, lorsque fut publiée la première photographie et que ses possibilités commencèrent à être connues. Le dernier appareil se fut livré le 12 juillet 1990 et le 27 mars 1999 fut abattu le premier tandis qu'il réalisait une action de bombardement sur l'ancienne Yougoslavie.

F-117A "Night Hawk"

A l'heure actuelle demeurent en activité une cinquantaine d'appareils F-117A répartis dans les escadrons 7, 8 et 9 du 49ème Fighter Wing de

la Base de Holloman au Nouveau Mexique.

Avancée technologique

Les formes du Lockheed Martin Skun Works rompent avec les lignes aérodynamiques antérieures et sont recouvertes à l'aide de matériaux RAM absorbant les ondes radar, offrant un modèle qui dispose d'une section radar estimée à 0,01 mètre carré.

Des ailes à flèche très aiguë, un double timon de queue à base unique, des prises d'air intégrées au fuselage et recouvertes d'une fine grille, des zones d'échappement de turbines aplaties et incorporant des tuiles céramiques réfléchissant la chaleur très semblables à celles développées pour le Programme Space Shuttle de la NASA, enfin une cabine à la coupole non arrondie avec panneaux transparents recouverts d'une pellicule d'or pour dissiper la chaleur configuraient de nombreuses solutions mais posaient aussi un problème de stabilité qui fut résolu grâce à un système avancé de contrôle digital GEC Astronics de type quadruple.

Cabine

Installé dans son siège éjectable ACES II, le pilote dispose d'une cabine sophistiquée dont les systèmes de présentation et de gestion des principaux instruments autorise un vol satisfaisant par tout type de conditions météorologiques, même en l'absence de radar. L'équipement a été amélioré grâce à un nouveau système de contrôle de vol plus précis, des éléments de présentation en couleur, de nouveaux processeurs IBM, un logiciel amélioré pour augmenter la capacité de combat, un écran d'affichage digital de la situation, un système de positionnement par satellite et un nouveau capteur IRADS pour l'écoute et le repérage.

Guidage

Le guidage des armes s'effectue grâce à un chercheur infrarouge stabilisé Texas Instruments FLIR/DLIR, qui inclut aussi un traceur laser, que l'on espère remplacer par le nouveau IRADS. La charge habituelle de sa soute correspond à deux bombes guidées par laser de 907 kilogrammes de type BLU-109B ou GBU-10/27.

Détails

Suffisamment petit pour pouvoir être transporté à l'intérieur de l'avion "Galaxy", on remarque au niveau de la structure son fuselage d'aluminium avec insertions de titane sur la zone des moteurs et recouvrement à la base d'un polymère qui combine des particules magnétiques.

Propulsé par deux turbines sans postcombustion General Electric F404-GE-F1D2 de 4.900 Kg de poussé unitaire, issues de celles utilisées par le F-18, il atteint une vitesse de croisière de 0,9 Mach qui maintient les réacteurs dans une limite de basse signature calorique.

La ligne du F/A-22 se caractérise par des formes anguleuses, conçues pour diminuer la signature radar détectée par les adversaires.

Le "Raptor" est optimisé pour affronter les défis du XXIème siècle.

Les moteurs sont alimentés par un réservoir intégré à la partie supérieure du fuselage, dans une zone un peu reculée par rapport aux propulseurs. Grâce à ce réservoir l'appareil peut parcourir 2.268 kilomètres de distance, et plus encore avec l'utilisation d'un réceptacle supérieur, lui aussi situé dans le fuselage, pour le ravitaillement en vol.

F/A-22 "Raptor"

Pensé au départ pour compléter et remplacer les actuels F-15 "Eagle", le choix d'un nouveau chasseur furtif de supériorité aérienne vit la rivalité de deux conceptions YF-22 et YF-23, la première option étant finalement retenue, proposée par Lockheed Martin Aeronautical Systems.

Incidences

Le YF-22 réalisa son premier vol le 29 septembre 1990. Dans son complexe développement furent détectés des éléments mal conçus, l'unité de puissance auxiliaire tomba en panne, il y eut des pertes de combustible, le logiciel s'avéra inadapté et le bureau du GAO (US General Accounting Office) mit en cause quelques aspects relatifs au rapport coût / efficacité.

La première unité définitive F-22A "Raptor" de validation –no 4001– fut présentée le 9 avril 1997 sur le site de Géorgie, réalisant son premier vol après de nombreux retards, le 7 septembre de la même année, avec aux commandes le responsable des essais Paul Metz. Dès lors plusieurs prototypes ont été mis au point et le démarrage de la première présérie a été approuvé. Elle inclura une douzaine d'appareils améliorés, surtout au point de vue de leurs programmes – software Block 3.0–, par rapport aux conceptions initiales.

Service

Grâce au procédé d'évaluation EDM (Engineering and Manufacturing Development) en plein fonctionnement, la Force Aérienne fait pression pour que démarre la production d'un nombre estimé à pas moins de 339 exemplaires tandis que d'autres entités gouvernementales tentent de réduire ce chiffre à moins de 200 ; toutefois, l'augmentation des budgets de Défense à partir de 2002 pourrait faire varier ces prévisions.

A plus long terme, on étudie la possible introduction d'une variante biplace d'attaque qui pourrait être en l'an 2012, au moment où s'achèvera la production des séries A/B.

Avancée technologique

Produit avec des matériaux avancés (titane, aluminium, fibres de carbone, acier et thermoplastiques) pour garantir la plus faible signature et des qualités aérodynamiques, on note dans sa conception un bord d'attaque de voilure et des dérives réduites pour diminuer le signal réfléchi, une forme de diamant pour charger une grande quantité de combustible dans ses réservoirs intérieurs, son dispositif de ravitaillement en vol, les prises d'air reculées et le poste de pilotage avancé pour améliorer la vision avec système de contrôle de vol digital interconnecté par fibre optique. Equipé de deux turbines Pratt & Whitney F-11-PW-100 de 15.890 Kg qui intègrent des tuyères bidimensionnelles capables de diriger leur jet d'échappement dans un angle de +/- 20°, il jouit d'une grande

maniabilité de même qu'il peut atteindre Mach 1,58 –vitesse supersonique– sans utiliser la postcombustion. Deux ordinateurs centraux CIP (Common Integrated Procesor) coordonnent ses capteurs, relient les équipements de son avionique sophistiquée et gèrent le vol, tout en restant en liaison avec le radar pour parvenir à exploiter au maximum la capacité de navigation et de combat air-air. Cette capacité sert au lancement des armes, situées dans trois soutes internes et qui incluent missiles infrarouges de courte portée "Sidewinder", à guidage radar de moyenne portée "Amraam" et des bombes de 454 Kg entre autres. Sa charge interne maximale est de 2.268 Kg mais elle peut être augmentée grâce à 4 stations externes pour armes ou réservoirs de combustible. Au vu de tout cela, le F/A-22A est appelé à dominer l'espace aérien au cours des dix prochaines années.

Caractéristiques techniques

	F-117A	F/A-22
Coût en dollars:	42,6 millions	90 millions
Dimensions :		
Longueur	20,08 m	18,92 m
Hauteur	3,78 m	5,00 m
Envergure	13,20 m	13,56 m
Surface de voilure	105,9 m²	78 m²
Superficie de flaps	---	5,10 m²
Poids :		
À vide	13.608 Kg	14.365 Kg
Maximum	23.813 Kg	27.216 Kg
Charge maximum	2.268 Kg	2.268 Kg
Combustible interne	---	14.000 l (estimé)
Combustible externe	No	No
Propulsion :	2 turbines General Electric F404-GE-F1D2 sans postcombustion	2 turbines Pratt & Whitney F119-PW-100 avec postcombustion
Prestations :		
Plafond en service	---	15.240 m
Vitesse à haute altitude	Mach 1	Mach
Vitesse à basse altitude	Mach 0,9	Mach 1,3
Vitesse d'atterrissage	227 Km / h	---
Portée de combat	1.112 Km	---
Portéc de déplacement	2.268 Km	---
Facteur charge de conception	+6 g´s	+9 g´s

◀ *Les F-117, même si l'on sait que l'un d'entre eux fut abattu au dessus de l'ancienne Yougoslavie restent des appareils difficilement détectables.*

▼ *Les "Night Hawk" n'ont pas été exportés et, malgré les années passées depuis leur conception, ils appartiennent encore à la catégorie "top secret" en raison des technologies utilisées pour leur conception et leur fabrication.*

AVIONS SPÉCIAUX DE COMBAT

AVIONS SPECIAUX DE COMBAT

26

AVIONS SPÉCIAUX DE COMBAT

AVIONS SPÉCIAUX DE COMBAT

La scène militaire actuelle a permis la création de diverses familles d'avions capables de réaliser des fonctions spécifiques, tels que le AWACS et ses radars volants, ou ceux équipés pour des missions de reconnaissance électronique ou de contrôle sous-marin, sans oublier ceux qui se chargent des travaux logistiques comme le ravitaillement en vol ou le transport d'équipement.

LES AVIONS DE TRANSPORT
DE EADS-CASA

Il y a quelques années, plusieurs pays européens décidèrent de fédérer leurs industries aéronautiques, civiles comme militaires, et de fonder un groupe nommé EADS (European Aeronautic Defense and Space) dans lequel s'intégrait la société espagnole Construcciones Aeronauticas S.A. (CASA).

De ce faisceau d'intérêts, naquit une gamme d'avions de transport de type légers et moyens extrapolés des modèles mis au point en Espagne.

Cette gamme d'appareils a suscité d'importantes commandes dans les dernières décades au point d'atteindre les sept cents exemplaires vendus.

Léger et efficace

L'année 2001 marquait le trentième anniversaire du premier vol de l'avion de transport léger C-212. Baptisé Aviocar, il connut un grand succès commercial puisque, à ce jour, plus de quatre cent soixante-dix exemplaires volent sous les couleurs de forces aériennes et de compagnies commerciales de plus de quarante pays.

Tous ces utilisateurs emploient l'avion pour des missions variées. Preuve de ses qualités et de sa fiabilité, l'Aviocar a atteint les deux millions cinq cent mille heures de vol avec un taux d'accidents très bas.

Le C-212 offre la robustesse, la fiabilité, un pilotage facile et une maintenance qui ne l'est pas moins, et, enfin, sa versatilité qui a tant séduit les compagnies aériennes et ses utilisateurs militaires.

Parmi ces derniers, on relève des formations spécialisées des armées de l'air thaïlandaise, vénézuélienne, uruguayenne, panaméenne, mexicaine, bolivienne, colombienne, chilienne, française, indonésienne, irlandaise sans oublier les Portugais et les Jordaniens qui furent les premiers à s'intéresser à l'Aviocar.

Basiquement, l'avion se caractérise par son train d'atterrissage fixe conçu pour opérer sur des pistes rudimentaires en terre ou improvisées, son aile haute qui lui confère la capacité de décoller et d'atterrir sur des distances extrêmement courtes sans interférer sur la capacité d'emport ou la consommation de carburant.

Derrière le poste de pilotage, la cabine peut recevoir tous les types de cargaisons : depuis vingt-cinq parachutistes à trois tonnes d'équipements ; en fait, les restrictions se limitent surtout aux dimensions de la soute et à la capacité de la rampe d'accès.

Aux premiers modèles entrés en service, succédèrent les séries 100, 200, 300 et 400, cette dernière version fut révélée lors du salon de l'aviation du Bourget en juin 1997.

◀ *Le C-212 est un avion de transport léger qui se distingue par sa polyvalence et sa capacité à opérer en conditions difficiles comme l'atteste cet atterrissage sur une piste sommaire.*

▶ *Le poste de pilotage abrite deux pilotes. Le tableau de bord et les consoles réunissent tous les équipements et instruments nécessaires au vol et sont d'une lecture agréable.*

▼ *Image de la soute d'un C-295. L'espace disponible permet l'emport de charges de moyen volume ou jusqu'à soixante-cinq soldats, élément fondamental de l'assaut aérien.*

L'incorporation de technologies avancées – particulièrement concentrées dans le poste de pilotage – et l'amélioration des qualités de vol à basse altitude ont permis le développement de plusieurs versions à capacités augmentées.

Ainsi, les derniers exemplaires construits disposent d'une capacité d'emport augmentée de quatre cents kilogrammes grâce à l'adoption de moteurs Allied Signal TPE-331-12JR-710C, dont les 925 CV supplémentaires par unité, améliorent les prestations lors des décollages et la tenue de vol à températures ambiantes plus élevées

A partir du modèle standard, plusieurs versions ont vu le jour afin de satisfaire un nombre encore plus grand d'utilisateurs. Une version est adaptée au transport de personnalités, d'autres sont conformisées pour la guerre électronique, d'autres encore sont spécialisées pour la reconnaissance maritime ou pour des organisations auxiliaires de sauvetage.

Un potentiel amélioré

Le succès rencontré par le C-212 Aviocar conduisit, en 1979, la firme espagnole CASA à s'associer avec la société indonésienne Nurtanio pour la conception et la construction d'un modèle amélioré qui recevra la désignation CN-235, bien que les frictions surgies entre les deux compagnies provoqueront une construction individuelle parallèle.

Cette version a été utilisée pour des missions secondaires par la police thaïlandaise ; pour des évacuations sanitaires par la force aérienne turque avec des appareils disposant de 12 civières et deux antennes médicales de campagne ; pour des transports logistico-tactiques dans le cadre de l'opération Turquoise sous le mandat de l'armée de l'air française au Rwanda et pour des missions de surveillance des zones de pêche pour le compte du Irish Air Corps irlandais.

L'avion assume des activités multiples au profit des forces aériennes de pays aussi divers que l'Espagne, le Brunei, la Colombie, le Chili, l'Equateur, le Botswana, le Gabon, le Maroc, le Panama, la Papouasie-Nouvelle-Guinée, l'Arabie saoudite et les Emirats arabes unis.

Le dernier client, et non des moindres, est le United States Coast Guards américain qui s'est porté acquéreur de deux CN-235M MPA. A ce jour, deux cent cinquante CN-235 ont été vendus et pourtant, aussi paradoxal

que ça puisse paraître, aucun nom n'a été attribué à cet appareil. Depuis 1983, année de la présentation des premiers prototypes, l'accumulation de 650 000 heures témoignent du haut niveau opérationnel de l'appareil.

Ces modèles originaux furent suivis des séries 10, 100 à 300, recevant la lettre M pour les versions militarisées pour les différencier des modèles conçus pour des besoins moins restrictifs.

Parmi les caractéristiques les plus notables, citons la capacité d'emporter 30 parachutistes jusqu'à 1 650 Km depuis la base de départ ; la possibilité d'évacuer 21 blessés sur 2 370 cm du lieu du drame ; la possibilité de traquer neuf heures durant des objectifs navals jusqu'à 170 cm de rayon ou de transporter deux tonnes de cargaison jusqu'à 2 340 km.

Ces bonnes prestations doivent beaucoup à l'équation capacité d'emport et poids structurel –des matériaux composites entrent dans la composition de la cellule– et qui incorpore un propulseur à consommation réduite et de maintenance allégée.

Le modèle à cabine pressurisée, suffisamment spacieuse pour emporter une grande variété de cargaisons, accuse une masse inférieure à six tonnes ; de plus, son train d'atterrissage, court et robuste, se compose de deux roues en tandem aux pneus à basse pression qui autorise des mouvements sur des terrains sommaires dépourvus d'infrastructure ; le fuselage arrière à double porte et rampe d'accès permet l'embarquement rapide de véhicules légers et de combattants équipés.

En surplomb de la soute, les ailes logent quatre réservoirs, deux principaux et deux auxiliaires d'une capacité de 5 268 litres avec prises de réservoirs à gravitation et une à pression.

Ces réservoirs alimentent deux turbopropulseurs General Electric CT7-9C qui entraînent des hélices quadripales Hamilton Standard 14RF-21 et développent une puissance de 1 750 chevaux.

A partir de ce modèle standard de transport, des versions plus élaborées ont été mises au point dont le Persuader. Cette plateforme, spécialement adaptée aux missions de surveillance et patrouilles maritimes, est pourvue d'un radar de veille Litton APS504 en redondance du fuselage, d'un système optronique de détection par infrarouge et intégré au radar pour la recherche et l'identification dont les données s'affichent sur l'écran d'un opérateur.

L'expérience tirée des ventes ont débouché sur la mise au point d'une version spécialement conçue pour la surveillance maritime dotée du système FITS (Fully Integrated Tactical System) de CASA et qui offre des performances encore supérieures.

Les nouveaux marchés

La quête de nouveaux débouchés et les besoins de l'armée de l'air espagnole de disposer d'un nouvel avion de transport aux performances supérieures à celles des précédents, amena la CASA à mettre au point le C-295, modèle dérivé du CN-235 mais aux capacités notablement amplifiées.

Tout en conservant la structure de base, le fuselage a été allongé et permet un gain de 50% d'emport de charge sur son prédécesseur.

Le rayon d'action s'est aussi allongé grâce à une réserve supérieure de carburant et, surtout, à l'adoption d'une perche de ravitaillement en vol. La vitesse de croisière est passée à 480 Km/h. Enfin, les dernières technologies permettent une réduction considérable des coûts d'entretien et de maintenance.

Depuis son premier vol en 1998 et la sortie des premiers exemplaires de série en 2001, le C-295 est maintenant en service à Abou

Le largage de parachutistes est l'une des activités dont s'accomplit fort bien le C-212. Il peut embarquer une vingtaine de ces troupes d'élite pour les larguer discrètement à plusieurs centaines de kilomètres.

Caractéristiques techniques du C-212 série 400

Prix :	13 millions de dollars
Dimensions :	
Longueur	16,15 m
Hauteur	6,59 m
Envergure	20,27 m
Surface alaire	41,00 m²
Surface des volets	7,47 m²
Poids :	
A vide	3.800 Kg
Maximal au décollage	8.100 Kg
Charge maximale d'emport	2.950 Kg
Emport de carburant	2.040 l
Moteurs :	2 turbopropulseurs Allied Signal TPE-331-12-JR-701C de 925 CV sur l'arbre.
Prestations :	
Plafond pratique	7.925 m
Vitesse maximale	354 Km/h
Distance de décollage	384 m en configuration STOL
Distance franchissable	2 680 Km à vide ou 835 à pleine charge

Dhabi, au Brésil, en Espagne, en Jordanie et en Pologne.

Les propres capacités de ce modèle polyvalent se conjuguent avec la robustesse et le potentiel STOL des versions précédentes et permettent de transporter jusqu'à soixante-quinze soldats, cinq conteneurs de 108"x88", trois turboréacteurs ou trois véhicules légers du type Land Rover ; l'espace offert par la soute permet de le configurer après installation des systèmes adéquats, pour diverses interventions comme la lutte anti-sous-marine ou la reconnaissance.

Ses dimensions sont de 24,50 m pour la longueur et 25,81 m d'envergure. Sa masse maximale au décollage est supérieure à vingt-trois tonnes bien que la normale se situe aux alentours des 21 tonnes.

Les 9 250 litres de ses réservoirs lui confèrent un rayon d'action supérieur à cinq mille six cents kilomètres.

Autant de caractéristiques qui augurent à ce type d'avion un avenir prometteur comme l'intérêt des Australiens, entre autres, semble l'indiquer.

Caractéristiques techniques du CN-235M

Prix :	16 millions de dollars
Dimensions :	
Longueur	21,40 m
Hauteur	8,17 m
Envergure	25,81 m
Surface alaire	59,10 m²
Surface des volets	10,87 m²
Poids :	
A vide pour la version militaire	8.800 Kg
Maximal au décollage	16.500 Kg
Emport maximal	6.000 Kg
Emport carburant	5.268 l
Moteurs :	2 turbopropulseurs General Electric CT7-9C de 1750 CV chacun et entraînant des hélices Hamilton Standard 14-RF21 quadripales.
Prestations :	
Plafond pratique	8.230 m
Vitesse de croisière	445 Km/h
Vitesse minimal	156 Km/h tous volets sortis
Distance de décollage	512 m
Distance d'atterrissage	376 m en terre
Distance franchissable	1.500 Km avec 6 t de charge ou 4.450 Km avec 3,55 t

LE A400M,
LE DÉFI STRATÉGIQUE EUROPÉEN

Les conflits ouverts qui secouent ce début du XXIème siècle ainsi que les opérations aériennes dans le cadre d'interventions humanitaires prouvent la carence des nations européennes en matière de transport stratégique et qui les a contraint à recourir à louer des avions russes à grande capacité ou à solliciter l'aide des Etats-Unis pour des projections extérieures d'importance.

A cette évidence s'ajoute d'autres raisons qui comprennent le besoin du remplacement des flottes vieillissantes d'appareils comme le C-160 Transall ou le C-130 Hercules qui dominent le transport aérien militaire européen. Ce constat a généré l'ébauche d'un programme international à l'échelon de l'Europe visant à la réalisation d'un nouvel avion de transport aux performances largement supérieures à celles offertes par les appareils qui l'est destiné à remplacer.

Le modèle dont il s'agit est toujours anonyme, il est connu comme A400. Il est conforme, basiquement et conceptuellement, au projet désigné plusieurs années auparavant sous le sigle FLA (pour Future Large Aircraft).

Efforts communs

L'élaboration du projet de base a pris du temps et cette période fut émaillée de problèmes épineux. C'est en 1993 que sept pays signèrent un accord pour réaliser en commun le FLA. Concrètement, les pays signataires étaient l'Allemagne, la Belgique, l'Espagne, la France, le Royaume-Uni, l'Italie et la Turquie. Finalement, l'Italie se dégagea du groupe qui accueillit plus tard le Luxembourg et le Portugal. Des problèmes économiques contraignirent les Portugais à renoncer à leur prévision d'achat pour trois appareils.

Les discussions entre pays signataires entraînèrent l'étalement de la gestation du programme qui subît également la pression d'un certain nombre de facteurs – politiques, économiques, industriels... – en plus de ceux strictement d'ordre militaire, pour finalement aboutir favorablement à sa construction. Il est peu probable que les premiers avions de série soient livrés à la fin de la présente décade. En fait, les prévisions du vol du pre-

◄ Le rayon d'action considérable sera assuré par la perche de ravitaillement en vol dont sera doté le A400M qui pourra s'alimenter auprès de tous les appareils occidentaux y compris sa version tanker.

► Chaque A400M pouvant embarquer plus d'une centaine de parachutistes, six avions de ce type pourront ainsi délivrer en une seule vague un bataillon pour voir une brigade .

mier prototype le situent en 2008.

Aujourd'hui, outre la maquette conceptuelle qui permet d'appréhender les dimensions générales et l'aspect aérodynamique, l'on sait que le contrôle du programme sera confié à la firme Airbus Military, filiale de Airbus Industries et dont le siège est à Madrid. Ainsi, d'autres compagnies peuvent intervenir, de manière directe ou détournée, sur la conception et le processus de fabrication comme la britannique BAE Systems, la multinationale EADS, la belge Flabel ou la turque Tusas Aerospace Industries.

Ce groupement d'entreprises, qui, outre, celles citées plus haut, en compte beaucoup d'autres se chargent de fabriquer les composants et les équipements selon un cahier des charges stipulant la part de travail et les pourcentages calculés en fonction du nombre d'exemplaires commandés par chaque nation. L'assemblage final et les essais statiques seront effectués dans une usine rénovée par EADS-CASA à Séville. La participation de l'Espagne dans ce programme lui procurera le bénéfice complémentaire des retombées économiques qui conforteront le complexe industriel aéronautique et toutes les entreprises de sous-traitance qui s'y gref-fent, sans omettre le secteur de l'emploi.

L'agence européenne OCCAR (Organisation Conjointe de Coopération en Matière d'Armement) assume la tutelle du programme du A400 au niveau de la gestion bien que ce soient les gouvernements des différentes nations concernées qui exercent les principales pressions pour le respect de son bon déroulement, d'ailleurs malmené à plusieurs reprises, notamment par les divers gouvernements allemands dont les volte-faces faillirent faire loucher vers les Etats-Unis un Royaume-Uni excédé. La touche finale de ce contrat multinational se situe le 27 mai 2003 avec la décision de l'OCCAR d'investir vingt mille millions d'euros –le plus important contrat de la Défense à ce jour– pour l'achat de cent quatre-vingts appareils mais qui n'en reste pas moins le seuil fatidique de rentabilité fixé par Airbus.

Le plan initial d'achat comporte soixante avions pour l'Allemagne, cinquante pour la France, vingt-sept pour l'Espagne, vingt-cinq pour le Royaume-Uni, dix pour la Turquie, sept pour la Belgique et un pour le Luxembourg.

Caractéristiques notables

Les livraisons des avions-cargos stratégiques A400M interviendront en majorité au cours de la deuxième décade du siècle, y compris les compléments pour des clients potentiels comme l'Australie et le Canada bien que rien ne soit définitif de ce côté. Tous les clients sont intéressés par les prestations proprement dites, notamment sa capacité d'emport d'une charge maximale de trente sept tonnes ou deux hélicoptères de combat Tigre ou des blindés et autres matériels lourds que leur masse et leur volume interdisent d'embarquer sur les avions que remplaceront les A400M.

Avec une charge de vingt tonnes –bien supérieure à la charge maximale emportée par le C-130–, il pourra franchir une distance de cinq mille kilomètres à sa vitesse de croisière. Sa configuration comme trans-

◀ *Le A400M réunit les technologies les plus avancées pour lui garantir une fiabilité optimale tout en l'affranchissant d'un lourd soutien logistique, caractéristiques qui s'affichent sur ses prestations stratégiques.*

▼ *Une appréciable qualité est la capacité d'emport de plusieurs types de véhicules tout terrain et/ou de blindés légers et de les acheminer là où leur présence s'avère nécessaire.*

▶ *Une version tanker du A400M est prévue pour le transfert en vol du précieux liquide au profit d'autres aéronefs comme ces chasseurs sur cette illustration.*

port stratégique le rend capable d'accueillir cent vingt hommes complètement équipés et lui permet d'accomplir d'autres missions comme, par exemple, le ravitaillement en vol.

Parmi les autres appréciables caractéristiques, il faut citer sa capacité à atterrir et à décoller sur des terrains reculés dépourvus d'infrastructures, sur des pistes courtes ou des routes secondaires ; son logement pour une grue de 5 tonnes pour faciliter la manutention des cargaisons, et sa configuration pour être ravitaillable en vol.

De plus, tout semble augurer d'un coût opérationnel réduit, ce qui ne manquera pas d'avoir une incidence sur sa durée de vie, déjà prévue pour une trentaine d'années – délai qui reste fonction des épreuves subies en cours de service.

Une caractéristique également appréciée est de maintenir une vitesse de croisière élevée tout en restant économique. Ce gain résulte de l'aérodynamisme du fuselage et de la voilure ainsi que de la puissance des quatre turbopropulseurs entraînant des hélices à huit pales. Le cockpit optimisé pour un équipage à deux (pilote et copilote), et son avionique comprend des visus tête haute sur lesquelles viennent s'inscrire tous les paramètres de vol et ceux de largage, sept écrans couleurs de visualisation de la dernière génération affichant les paramètres de vol et moteurs, les informations tactiques (en surimpression de la carte terrain), de navigation, les données systèmes (hydrauliques, CME, ravitaillement en vol, etc.) Dans le cas de la présence nécessaire d'un troisième membre d'équipage, un écran supplémentaire peut être monté sur la console centrale. Tous les instruments sont compatibles avec les systèmes de vision nocturne. Les commandes de vol – deux mini manches latéraux – sont électriques du type fly-by-wire, similaires à celles des Airbus civils. Pour son autoprotection, l'avion dispose de systèmes d'alerte et de lanceurs de leurres thermiques et de paillettes. Il sera aussi équipé d'un radar de navigation séquentielle Northrop Grumman AN/APN-241E.

Caractéristiques techniques du A400M

Prix :	112 millions de dollars
Dimensions :	
Longueur	42,20 m
Hauteur	14,70 m
Envergure	42,40 m
Surface alaire	221,50 m²
Poids :	
A vide	66.500 Kg
Maximal	130.000 Kg
Emport maximal	37.000 Kg
Emport carburant	50.000 l
Moteurs :	Quatre turbopropulseurs TP400-D6 de 11 000 CV chacun
Prestations :	
Plafond pratique	11.277 m
Vitesse maximale	780 Km/h
Course au décollage	900 m
Distance franchissable	8.000 Km
	(*) données du projet, non définitifs

LE C-130
HERCULES

Un grand nombre de forces aériennes au monde ont mesurer positivement la capacité de transport, la polyvalence et la fiabilité de l'Hercules, nom de baptême de ce quadrimoteur américain et dont le succès international se mesure par les deux mille deux cents exemplaires en service sous tous les continents.

▲ *Une des missions impartie à ce modèle consiste au ravitaillement du personnel des missions scientifiques de l'Antarctique et qui implique d'atterrir sur la glace.*

▶ *Le cockpit du C-130 est situé en position haute pour offrir une bonne visibilité de l'environnement aux pilotes, une condition vitale lors de missions de transport.*

Au cours des prochaines années, ce chiffre va s'amplifier de façon notable devant la demande de nombreux utilisateurs potentiels dont l'U.S. Air Force qui ne peut plus surseoir au renouvellement de ses C-130 obsolètes.

Sa conception conventionnelle est basée sur l'interopérabilité. Les exemplaires configurés en transports peuvent être optimisés pour accomplir des missions de ravitaillement en vol, de guet aérien, de recherche et de sauvetage, d'appui feu pour la destruction d'objectifs terrestres fixes et/ou mobiles, de guerre électronique, de reconnaissance photographique plus d'autres tâches en fonction des nécessités des opérateurs aussi bien militaires que civils.

Agréables surprises

A l'heure actuelle, plus de soixante nations ont acheté des Hercules pour en doter leur force aérienne, auxquelles il faut ajouter des exemplaires acquis par des compagnies aériennes. Quel que soit l'employeur ou la nature de la mission, le choix s'avère plus que positif pour cet avion extraordinaire de qualités. Il est difficile d'imaginer que cet avion est maintenant un quinquagénaire et que son prototype, sorti des usines Lockheed, vola pour la première fois, le 23 août 1954.

Les prestations offertes apportaient une notable amélioration quant à celles des avions précédents, notamment par la capacité de l'Hercules à opérer depuis des pistes sommairement aménagées et son imposante rampe arrière qui facilite les chargements comme les déchargements. Séduite par ces détails, l'U.S. Air Force passa commande de deux cent trente et un exemplaires de la version A qui furent livrés avant la fin des années cinquante.

En juin 1959, la version B sortait d'usine qui différait par ses moteurs plus puissant et son emport de carburant augmentée. En avril 1962, la version E entrait en lice avec des réservoirs alaires de 5 145 litres, pour chaque aile, et une masse au décollage supérieure. Les exportations s'amorcèrent avec la sortie, en mars 1965, du modèle H qui se distinguait par sa capacité d'emport de charge utile portée à dix-neuf tonnes ou soixante parachutistes.

A ce jour, la plus récente version est le C-130J dont les chaînes de fabrication ont démarré en 1997 et qui est entré en service peu après et dont la mise au point a connu des déboires qui ont entraîné le report des livraisons vis à vis du calendrier originel.

Ces aléas n'ont pas rebuté l'intérêt des clients potentiels puisque près de deux cents appareils ont été commandés par l'Australie, le Danemark, les Etats-Unis, le Royaume-Uni, l'Italie et le Koweït ; certains de ces pays ont opté pour la version standard d'autres ont préféré la version au fuselage allongé, le CC-130J au volume de soute supérieur ainsi que le rayon d'action.

Conditions d'emploi

Sa polyvalence a été largement éprouvée au cours des nombreux conflits qui ont émaillé ces quarante dernières années mais, après le Vietnam, ce fut principalement lors de l'opération Bouclier du désert, en 1990, que le C-130 s'est distingué en assumant sans discontinuer le rythme imposé par les ravitaillements et les mouvements de troupes. De même qu'il fut l'épine dorsale de maintes actions de soutien humanitaire.

A cette mission de base, pour laquelle il transporte autant de fret que sa soute peut recevoir et dans la limite de charge maximale autorisée –y compris des véhicules légers jusqu'aux nacelles de radars de veille aérienne–, l'Hercules excelle dans une autre facette non moins importante : le transport de troupes avec posé d'assaut ou le largage de troupes aéroportées dans le cadre d'un parachutage de masse comme dans celui de l'infiltration de petites équipes de forces

L'Espagne déploie une douzaine d'Hercules affectés au ALA 31, basé à Saragosse. Ces appareils ont fait l'objet d'un vaste programme de modernisation pour maintenir leur activité jusqu'en 2015.

spéciales.

Un exemple type de ce genre de mission implique une quinzaine de chuteurs qui, à partir du point de largage pouvant être distant jusqu'à quarante kilomètres de l'objectif, sautent avec parachute à ouverture commandée pour atterrir avec précision sur la cible ; un largage avec parachute à ouverture automatique peut s'effectuer au-dessus d'une surface humide et le commando, mission accomplie, sera récupéré par les canots pneumatiques largués avec lui.

En plus de ces activités de base, le C-130 a connu un processus de modifications, inégalé à ce jour et qu'aucun autre avion n'a subi. Le AC-130 constitue l'une des plus remarquables variantes. Son armement, de canons de 105 mm ou de 40 mm et de mitrailleuses multitubes déverse un véritable déluge de feu sur tout objectif terrestre qui a le malheur d'être accroché par ses capteurs de tir numériques. Tout en maintenant son tir, l'Hercules orbitera sur l'objectif jusqu'à saturation. Les AC-130A et AC-130H se sont distinguées en Asie du Sud-est, et plus tard en Amérique centrale et à la Grenade, en Afghanistan et en Irak ; deux AC-130H furent employés en soutien de la malheureuse opération Eagle Claw visant à délivrer les otages de l'ambassade américaine retenus par le régime iranien de l'ayatollah Khomeiny.

Le KC-130 est une autre intéressante version. Aménagé en tanker, il peut recevoir un supplémentaire démontable de soute –aménagement circonstanciel– et deux nacelles sous voilure permettant le ravitaillement simultané de deux avions.

Mais le plus complexe de la lignée est bien le EC-130 Compass Call, bourré de systèmes électroniques pour le brouillage des systèmes de commandement et de contrôle ennemis ; le MC-130 du programme Combat Talon II pour le compte des Forces spéciales est une extrapolation du précédent mais doté d'équipements spéciaux supplémentaires.

Le C-130 peut recevoir des skis montés sur les atterrisseurs principaux et grâce auxquels il peut atterrir sur terrain glacé et assumer la logistique de bases polaires. De même, en cas de nécessité, l'Hercules peut être équipé de huit moteurs-fusées d'appoint JATO au décollage lui permettant d'opérer depuis des aires de la dimension d'un terrain de football.

Toutes les versions ont bénéficié du concept original qui favorisait la capacité d'emport et des performances sans égales, quelles que fussent la destination finale et la nature du fret. A tenir compte également : la puissance développée par les quatre moteurs –qui

Les prestations de ce quadrimoteur de transport restent exemplaires depuis cinquante ans. Nombreuses sont les nations qui l'emploient avec satisfaction.

permettent les performances énoncées– et leur fiabilité qui ne compromet pas le sort de l'appareil même si l'un des propulseurs est hors d'usage.

L'équipage standard comprend un pilote, un copilote et un navigateur, qui opèrent dans un cockpit offrant une excellente visibilité, et qui peut être renforcé par deux ou trois spécialistes en fonction de la sous-version ou de la nature de la cargaison.

Prestations actualisées

L'offre à l'exportation du CJ-130 de chez Lockheed Martin permet d'entrevoir que l'Hercules sera encore en service à la moitié de ce siècle.

Ceci sera rendu possible par les prestations supérieures de l'actuelle version, notamment pour ce qui est de la fiabilité, le coût d'exploitation et de la maintenance et par l'apparition d'autres modèles et/ou l'actualisation des types précédents au standard du J –opération déjà réalisée depuis ces dernières années et qui prolonge la durée de vie de la version concernée.

La plus notable des différences caractéristiques de la version J est le changement des moteurs. Aujourd'hui, l'ensemble propulseur de compose de quatre puissants turbopropulseurs Rolls-Royce AE2100D3. Chaque moteur développe une puissance de 4 591 CV et entraîne une remarquable hélice à six pales style cimeterre. Produites par Dowty Aerospace, ces hélices permettent de disposer d'une efficience majorée et qui se traduit par un substantiel gain en distance franchis-

▶ *Cette image donne une bonne appréciation de la visibilité dont dispose les pilotes de l'Hercules. Les fenêtres frontales sont dégivrées par un dispositif électrique et le pare-brise est doté d'essuie-glaces. La visibilité obtenue facilite l'approche de terrains difficiles.*

▼ *La cabine de l'Hercules est suffisamment vaste pour permettre le transport de charges volumineuses. La limite de l'emport est conditionnée par le volume et le poids et surtout par la capacité de résistance de la rampe lors du chargement.*

▶ ▶ *Le largage de parachutistes est l'une des plus fréquentes activités assumées par ces avions de transport. En attendant le moment de sauter, les hommes sont installés dans quatre rangées de sièges.*

sable et en vitesse comparé avec ceux des versions antérieures.

Le cockpit est également digne d'intérêt. Il a été optimisé pour recevoir les dernières technologies qui s'affichent sur des écrans couleur numérisés type LCD (Liquid Crystal Display) similaires à ceux qui équipent les récents modèles d'avions d'attaque et qui offrent à l'équipage tous les paramètres de vol et de moteurs, les informations de navigation et de suivi de terrain. Enfin, un visu tête haute évite à l'opérateur de détourner le regard de l'extérieur en affichant tous les paramètres précédents.

Une attention particulière a été accordée à sa survie qui se traduit par le blindage des points les plus sensibles du cockpit et par le système électronique AN/AAR-47 et les éjecteurs AN/ALE-47 de leurres thermiques et de paillettes. De son côté, l'U.S. Air Force dote ses Hercules du système AN/AAQ-24 (V) NEMESIS à infrarouges qui brouille les autodirecteurs des missiles air-air à courte portée.

Le CJ-130 emporte également le système de navigation GPS/INS couplé au radar de navigation et de météorologie plus un système d'alerte anti-collision ; un radar SKE2000 altimétrique fournit à l'équipage la distance le séparant du sol et l'avertit des reliefs du terrain et facilite le vol à basse altitude pour éviter les possibles menaces antiaériennes déployées par l'ennemi.

Le plancher de la soute comprend des rouleaux de manutention de charges qui facilitent l'embarquement du fret et sont de la première importance pour le déchargement de ce dernier sur l'objectif et, plus encore, lors d'un largage par gravité à très basse altitude. Par le volume et le poids, sa capacité lui interdit d'embarquer un char de combat mais un missile balistique, ou

Les EC-130E -et leurs sous-versions- volent exclusivement sous l'étoile Américaine en raison du caractère pointu de leurs missions : commandement et contrôle tactique, brouillage des transmissions ennemies, surveillance électronique.

un obusier de 155 mm avec son tracteur et ses servants, des véhicules légers trouvent place à l'intérieur ; un grand nombre de véhicules modernes, comme le 8x8 Striker récemment adopté par l'armée américaine, sont d'ailleurs conçus pour être aérotransportés par le C-130J et ses prédécesseurs.

Ce nouveau modèle compte deux ordinateurs de bord chacun connecté à des bus de données, double redondance qui permet de bénéficier d'un soutien même en cas de panne de l'un d'eux. Ce système reçoit les données de nombreux capteurs implantés en divers points du fuselage et avertit l'équipage en cas d'incident qui mériterait l'attention ou une action appropriée car ce système aide à résoudre tout problème grâce à sa capacité d'autodiagnostic.

Ses performances ont aussi augmenté de façon notable. Grâce à sa poussée ascensionnelle, il atteint plus rapidement une altitude moyenne, sa course de décollage et d'atterrissage est moindre que pour les versions antérieures. Son rayon d'action est augmenté par sa capacité de ravitaillement en vol ; de cette façon, il peut décoller à pleine charge sans que l'équipage ne soit confronté à l'équation masse-emport de carburant-distance à franchir, jusqu'à la destination finale. Avec tous ces atouts et un carnet de commandes déjà bien rempli et qui ne peut que s'augmenter, l'Hercules est assuré de voler jusqu'aux années 2050. Une carrière opérationnelle sans précédent dans l'histoire de l'aviation militaire.

Aucun site dans le monde n'est fermé au C-130. Même les zones désertiques et la poussière abrasive qui leur sont associée ne sont pas un problème pour l'Hercules.

Caractéristiques techniques du C-130J

Prix :	60 millions de dollars
Dimensions :	
Longueur	29,79 m
Hauteur	11,84 m
Envergure	40,41 m
Surface alaire	162,12 m²
Surface des volets	31,77 m²
Surface de la cabine	39,50 m²
Poids :	
A vide	34.278 Kg
Maximal au décollage	79.380 Kg
Emport maximal	18.955 Kg
Emport carburant	25.816 l
Emport carburant externe	10.600 l
Moteurs :	Quatre turbopropulseurs Rolls-Royce AE2100D3 d'une puissance unitaire de 4 591 CV entraînant des hélices à six pales R391.
Prestations :	
Plafond pratique	9.315 m
Vitesse maximale	645 Km/h
Temps pour atteindre 6 000 m	12 minutes
Course de décollage	1.003 m
Course d'atterrissage	427 m
Distance franchissable avec 18 t de fret	5.250 Km

LES AVIONS STRATÉGIQUES
AMÉRICAINS

L'une des plus significatives capacités stratégiques du C-17 est que sa soute reçoit un char de combat type Abrams M1 qui, dans ses dernières versions, pèsent un peu plus de soixante tonnes.

La volonté –et la vocation– du gouvernement américain d'exercer une politique d'intervention globale l'a conduit à constituer une flotte de transports aériens d'une telle capacité d'emport qu'aucun autre pays ni même les plus importantes compagnies aériennes nationales ne peuvent égaler.

Les récents conflits de l'Afghanistan, du Koweït et de l'Irak ont démontré l'adéquation de ce potentiel avec le besoin d'intervention rapide en un point quelconque du monde, indépendamment du genre de troupes et des moyens à transporter. Cette capacité, dont la responsabilité repose en grande partie sur le Air Mobility Command (AMC) de l'U.S. Air Force, s'appuie sur plusieurs centaines d'avions de transport stratégiques de par leurs performances et leur potentiel.

Un processus large et continu

La genèse de la concrétisation de cette puissance intercontinentale prend racine près de quarante ans auparavant. Tout d'abord par la conception du premier appareil, remontant au début des années soixante, qui reste l'un des composants de l'actuelle triade, le C-141 Starlifter.

Bien qu'il soit devenu obsolète, les services qu'il a rendus lui assurent quelques années de vie. Sa construction revient à la firme

▲ *Les C-17 Globemaster III incarnent les transports les plus modernes de l'USAF. L'acquisition de cent quatre-vingts exemplaires est programmée mais l'éventualité d'une commande supplémentaire à moyen terme n'est pas exclue.*

Lockheed –aujourd'hui Lockheed Martin Corporation– et la sortie du premier exemplaire en octobre 1964 le consacra comme appareil exceptionnel. Il reçut l'appellation militaire de C-141A.

Trois ans vont s'écouler pour apurer la commande de l'U.S. Air Force et la doter du premier avion de transport à réaction à grande capacité. Sa conception de base prônait la nécessité d'acheminer des troupes et du matériel en n'importe quel lieu de la planète, ce qui explique son fuselage allongé et des ailes de dimensions notables.

Ses performances, déjà appréciées par ses utilisateurs en temps de paix, lui vaudront de jouer un rôle actif au cours du conflit vietnamien. Au terme de cette guerre, il participera activement au rapatriement de centaines de prisonniers américains libérés à l'issue des hostilités.

Deux autres faits saillants émaillent sa carrière. Il est le premier avion à réaction à larguer des parachutistes et encore le premier a s'être posé dans l'Arctique. Afin d'actualiser ses performances aux exigences du futur, la version C-141B au fuselage agrandi, fut mise à l'étude. L'appareil sorti des chaînes à partir de 1979. Cette version fut suivie du C-141C qui englobait les exemplaires existant et remis à un nouveau standard. Ce processus intervint entre 1997 et 2001.

Actuellement, cette ultime variante, avec une avionique actualisée et qui est ravitaillable en vol au rythme de quatre-vingt-dix mille litres en vingt-six minutes, équipe les groupes de réserve de l'Air National Guard (ANG). Bien que proche de la réforme, il est probable que l'appareil aura accumulé dix millions d'heures de vol à ce moment.

En attendant le retrait du Starlifter, l'U.S. Air Force tire des plans pour maintenir en activité pour quelques années l'énorme C-5 Galaxy, le plus grand avion occidental de transport. Son origine remonte également aux années soixante mais sa mise en service est plus tardive puisque le premier C-5A fut remis en juin 1970 par Lockheed au 437th

Airlift Wing basé à Charleston.

La conception de cet avion présente une caractéristique particulière, conçue pour faciliter les exigences de transport des militaires. Toute la partie avant s'ouvre comme une bouche de Léviathan pour permettre un accès facile à la soute. De fait, cette solution autorise le transit intérieur de cargaisons plus lourdes et plus volumineuses comme des chars de combat, des hélicoptères, des conteneurs et du fret palettisé.

Il a la capacité d'emporter du matériel pesant jusqu'à soixante-quatre tonnes ou un char Abrams M-1 qui avoisine les soixante. Cette capacité s'est encore trouvée améliorée avec le C-5B, mis en service au milieu des années quatre-vingt. Au total, l'U.S. Air Force a reçu cinquante C-5B et soixante-seize C-5A.

Parmi les aspects remarquables du Galaxy, il faut citer qu'il n'a besoin que de 2 530 mètres pour décoller et de 1 493 mètres pour atterrir avec une charge maximale. Le train d'atterrissage est tout aussi remarquable avec ses vingt-huit roues. En ambiance opérationnelle, l'avion peut peser jusqu'à trois cent quatre-vingt-une tonnes ; ce chiffre comprend le propre poids de l'appareil, plus cent cinquante tonnes de carburant et cent vingt de cargaisons les plus diverses.

Sa flexibilité de chargement est très appréciée des équipages ainsi que sa capacité à opérer, à titre occasionnel, sur des pistes sommaires. Chaque endroit névralgique de l'avion est truffé de capteurs, huit cents au total, qui analysent le fonctionnement des équipements et rendent immédiatement compte de la moindre anomalie. C'est en 1998 que débuta le programme AMP (Avionics Modernization Program) pour moderniser les équipements et les mettre en conformité avec les exigences actuelles du contrôle du trafic aérien et améliorer les systèmes de navigation.

Il est ravitaillable en vol, qualité qui augmente d'autant sa distance franchissable. Celle-ci est de cinq mille milles avec une charge maximale et de six mille trois cents milles à vide. Son prix, converti au taux actuel du dollar, dépasse les deux cents millions mais qui n'est pas significatif si l'on tient compte

◄ *Pour assurer son autodéfense quand il opère sur des zones à risques, le Globemaster III est doté d'éjecteurs de leurres thermiques destinés à brouiller les autodirecteurs de missiles à infrarouges.*

▼ *Les soixante-dix sept tonnes enlevables par le C-17 sont un atout significatif au moment de lancer des opérations militaires transocéaniques.*

de sa capacité opérationnelle, de sa maintenance peu contraignante et l'efficience qui caractérise le Galaxy. Une récente série de tests d'évaluation de l'usure du fuselage révèle qu'il est encore à 80% de son potentiel de vie, ce qui en dit long sur les matériaux et les technologies employés lors de sa construction.

Nouveau sang

L'aviation américaine n'aura pas attendu le prévisible retrait des appareils précédemment décris –et conçus selon des critères maintenant périmés pour une grande part– pour disposer d'un avion aux capacités répondant aux normes actuelles. C'est ainsi qu'un appel d'offres fut lancé au début des années quatre-vingt dans le cadre du programme C-X, lequel voyait trois avionneurs s'affronter. Le 28 août 1981, le choix s'arrêta sur le projet présenté par McDonnell Douglas.

Quatre ans plus tard, pour des raisons inhérentes aux retards typiques de développement, un contrat est signé pour la mise au point de trois prototypes du C-17 et dont le premier desquels ne sera pas prêt avant le 21 décembre 1990. Délai qui met en évidence la rigueur qui entoura la conception et la fabrication initiale. Neuf mois de plus vont s'écouler avant que commence le programme d'évaluation des capacités et les vols d'essais avec les trois appareils disponibles. Les résultats furent très méticuleusement comparés avec les spécifications exigées par le cahier des charges.

Le premier des appareils de série, baptisé Globemaster III, fut livré en mai 1992 soit près de onze ans après la sélection du vainqueur du projet. Le laps de temps entre chaque étape, inhabituel même pour un avion de transport, fut mis à profit pour incorporer de nouvelles technologies tant au niveau équipements de bord qu'à celui de la construction. Autant d'ajouts qui permettaient de coller aux spécifications rigoristes de l'utilisateur.

La satisfaction de l'U.S. Air Force fut néanmoins douchée par le bémol apporté à son espoir d'acquérir deux cent dix exemplaires. Le budget voté ne lui concédait plus que quarante C-17. Depuis une dizaine d'années, l'USAF n'a pas ménagé ses efforts pour combler cette coupe drastique et les prévisions

actuelles de commandes tablent sur cent quatre-vingt unités. Le dernier contrat, signé en août 2002, porte sur des commandes pluriannuelles par lot de soixante appareils et procurant l'économie de près d'un milliard de dollars par rapport à un programme requérant une confirmation chaque année.

Le présent constructeur, Boeing, a un rythme de production de quinze avions par an. À cette cadence, il est permis de penser que l'U.S. Air Force et la composante aérienne de la Garde nationale disposeront au début de 2005 de près de cent trente-deux appareils, sans omettre les quatre unités cédées à la Royal Air Force au titre du leasing. Même sans commandes supplémentaires, les chaînes de fabrication tourneront jusqu'en 2008, au moins. Toutefois, il est vraisemblable que la retraite définitive des C-141 se traduira par une commande additionnelle de C-17.

Cette perspective est d'autant plus confortée par la satisfaction de l'USAF en regards des prestations offertes par le Globemaster III. Depuis le peu d'années qu'il est entré en

Les C-5 Galaxy devraient voler pour encore une décade. La modernisation des modèles anciens s'impose car ils exigent une plus lourde maintenance que leurs plus récents homologues.

Les C-141 sont utilisés depuis quarante ans mais leur carrière est maintenant comptée. Sur cette photographie, nous voyons l'un d'eux lors d'un parachutage.

Un des aspects les plus caractéristiques du C-5 est son nez ouvrant pour faciliter l'accès à la soute. Cette solution technique complexe apporte une amélioration dans le transit de personnels et de matériels.

service, le C-17 est détenteur de trente-trois records internationaux relatifs à ses capacités ; aucun autre avion de transport actuel n'a de pedigree aussi élogieux.

Activités militaires

A ce jour, les appareils servant avec le 437th Airlift Wing sont basés à McChord et à Altus tandis que la base de Jackson accueille ceux de l'ANG. Les prévisions sont de plus en plus insistantes sur l'affectation des nouveaux appareils sur les bases de McGuire et de March, cette dernière appartenant à l'Air Reserve et rien n'est définitif à ce sujet.

Ces bases sont dotées d'une infrastructure qui permet une projection globale car elles ont été construites au profit de transports stratégiques à très long rayon d'action. Parmi les déjà nombreuses interventions, c'est de là dont sont parties les missions de transport et d'aide humanitaire pour les Balkans. Enfin, ces bases ont formées l'épine dorsale de tous les mouvements aériens de transport stratégique lors des campagnes

▼ *Le Starlifter a opéré en milieu climatiquement hostile comme les étendues glacées de l'Alaska pour assurer le transport logistique que requiert le déploiement de l'USAF. Sa mise à la retraite est programmée pour 2006.*

d'Afghanistan et d'Irak. Parmi les nombreux exemples de la capacité du Globemaster, citons cette mission, intervenue en septembre 1997, qui mettait en oeuvre huit C-17 transportant un contingent de paras pour les larguer au Kazakhstan avec leurs véhicules et matériels de soutien après dix-neuf heures de vol. Ce largage, qui représente un exploit dans l'histoire des opérations aéroportées, s'est répété en 2000 et en 2003.

Sa notable capacité opérationnelle résulte de sa conception et de ses caractéristiques qui lui permettent d'opérer sur des pistes sommaires et d'emporter dans sa soute immense des charges à concurrence de soixante-dix sept tonnes, y compris un char de combat. Pour obtenir de telles prestations et les qualités de vol, il suffit d'un équipage de trois hommes ; pour les vols de longue durée, un second équipage embarque pour relayer le premier aux commandes.

Le C-17 est propulsé par quatre réacteurs à haut rendement Pratt & Whitney PW 2040 installés en nacelle individuelle sous voilure et que l'USAF désigne comme F117-PW-100. Les réacteurs sont dotés d'inverseurs de poussée, actionnables en l'air comme au sol et dans ce dernier cas, permettant à l'avion à pleine charge d'accéder à un terrain plus restreint (moyennant aussi une bonne dose de freinage au pied).

Sa consommation est modeste. Le carburant provient de quatre réservoirs alaires et dans la cellule de l'appareil pour une capacité totale de cent deux mille litres de JP8 ou Jet A-1. Cette quantité de carburants peut être complétée par ravitaillement en vol et qui fournit à l'avion une autonomie seulement limitée par l'endurance de l'équipage. Avec du carburant standard et en fonction de la charge emportée, la distance franchissable se situe aux alentours de 8 700 kilomètres.

Avec le C-17, il n'existe aucune entrave à acheminer les équipements les plus modernes en n'importe quel lieu. Cette image nous montre des hélicoptères arrimés dans la soute.

Un détail technique intéressant sont les winglets (extensions à l'extrémité des ailes) qui améliorent l'efficience aérodynamique. Non moins intéressant est la configuration des ailes adaptée pour les opérations à très basse altitude sans omettre l'immense rampe qui facilite les manutentions. Il peut larguer cent deux parachutistes complètement équipés ou des charges par largage à très basse altitude (méthode LAPES d'extraction par parachute) ou le CDS pour la livraison de conteneurs.

Caractéristiques techniques du C-17 Globemaster III

Prix :	236,7 millions de dollars
Dimensions :	
Longueur	54,04 m
Hauteur	16,79 m
Superficie alaire	353,03 m²
Superficie des volets	11,83 m²
Diamètre du fuselage	6,86 m²
Poids :	
A vide	22.016 Kg
Maximal au décollage	265.352 Kg
Emport maximal	77.292 Kg
Emport carburant	102.624 l
Moteurs :	4 turbofans Pratt & Whitney F117-PW-100 d'une poussée unitaire de 20 000 kg
Prestations :	
Plafond pratique	13.716 m
Vitesse de croisière	0,74-0,77 Mach
Vitesse d'approche avec charge maxi	213 Km/h
Distance d'atterrissage	470 m
Distance de convoyage	8.700 Km

LES AVIONS EUROPÉENS
DE PATROUILLE MARITIME

Dans le premier chapitre du présent livre, nous mentionnions l'existence d'un consortium européen ayant la capacité de produire des avions de transport avancés dont certains sont susceptibles d'être conformisés pour effectuer des missions de surveillance maritime avec des équipements spécifiques comme le FITS espagnol.

La situation actuelle diffère considérablement de celle qui existait il y a moins de vingt ans quand la menace soviétique était palpable et la puissance navale russe – concrétisée par des centaines de sous-marins sillonnant toutes les mers du globe – imposait de détenir tous les moyens possible pour contrecarrer leur activité en cas de conflit.

Cette nécessité, soulignée par le besoin de démarquer ces moyens des missions de surveillance maritime et de sauvetage en mer, incita des avionneurs européens à concevoir des projets spécifiques d'avions de lutte anti-sous-marine. Parmi tous les appareils conçus, deux se distinguent par leurs capacités et leur développement : la lignée française Atlantic/Atlantique dont les représentants sont en service en France, en Allemagne, en Italie et au Pakistan et le Nimrod qui porte les cocardes de la Royal Air Force.

Effort conjoint

L'Atlantic est un bimoteur adapté à des missions précises. Le projet vit le jour en 1958 et concernait une plate-forme pouvant répondre aux besoins des divers pays membres de l'Organisation Atlantique (OTAN). Il fut d'abord désigné ATL1 en référence à la version initiale qui ralliait les intérêts des quatre

Les Nimrod britanniques sont des avions qui suivent l'évolution technologique au fil du temps. La dernière standardisation ne conservera plus que la forme externe du fuselage des anciens exemplaires.

Le système FITS réunit des capteurs avancés et des équipements de visualisation modernes. L'information captée par les premiers sont affichés sur les écrans des opérateurs pour interprétation et action s'il y a lieu.

pays décidés à l'acquérir : les Pays-Bas, l'Allemagne, l'Italie et la France.

Cet avion, qui reste en service dans les trois derniers pays, est le résultat d'une collaboration internationale dans laquelle les participants se sont investis en fonction du nombre d'appareils qu'ils pensaient acquérir. L'initiative d'améliorer les prestations de l'Atlantic revient aux Français en mai 1984 et dont l'approbation résulta par la construction d'une série améliorée de trente exemplaires qui correspondront au modèle ATL2, d'abord nommé Atlantique NG (nouvelle génération). Si la cellule et la motorisation restent inchangées, le système de mission est révolutionné. Tous les capteurs et consoles sont intégrés au système d'armes par l'intermédiaire d'un digibus multiplexe et redondant.

Récemment, les responsables de Dassault Aviation ont présenté l'ATL3, variante export en prévision du prochain remplacement des ATL1 allemands et italiens. Cette version conjugue une nouvelle cellule –notamment un glass cockpit pour les deux pilotes– et une avionique de la dernière génération, un élargissement de la panoplie d'armements, une nouvelle motorisation avec turbopropulseurs Allison entraînant une hélice à six pales. Aucune commande n'est encore intervenue car les Italiens envisageraient de moderniser leurs Atlantic par l'incorporation d'un radar Thomson-CSF Iguane et un système acoustique GEC Avionics AQS-902. De leur côté, les Allemands ont renforcé la structure des leurs, installé une avionique moderne et des équipements comme le radar Texas Instruments APS-134 (V) ainsi que des nacelles de contre-mesures électroniques en extrémité d'ailes.

Les prévisions des utilisateurs passent par la réduction du nombre d'appareils en service et de les faire bénéficier de modernisations leur permettant d'adapter leurs capacités aux exigences du temps. D'autant que l'Atlantic dispose d'une large cabine et est capable d'emporter deux tonnes et demi d'armements à vocation anti-sous-marine et antisurface. A l'heure actuelle, il est souvent employé pour localiser les embarcations chargées d'émigrés clandestins ou la lutte anti-pollution et les missions SAR mais quelle que soit la nature de la mission au profit du service public, il conserve son potentiel militaire, notamment les bouées acoustiques et le MAD (détecteur d'anomalies acoustiques).

L'autarcie anglaise

Dans le même temps que s'élaborait l'Atlantic, la Royal Air Force prenait la décision de se doter d'une nouvelle plate-forme aérienne de lutte anti-sous-marine pour remplacer les modèles vieillissants alors en service. Le premier prototype du nouvel avion construit par British Aerospace avait reçu dès le

La vente récente de CN-235 aux Coast Guards américains constitue l'un des derniers succès européen. Ces avions sont chargés de la surveillance du littoral nord-américain.

début de sa conception le nom de Nimrod. Pour amortir le coût, l'avion fut construit à partir de cellules des avions civils Comet. Il en résulta une plate-forme déjà éprouvée et propulsée par des réacteurs qui, en principe, lui assurait une vitesse de patrouille supérieure et donc une zone de recherche plus vaste.

Le contrat portait sur la construction de trente-huit appareils dont le premier de la série fit son premier vol le 28 juin 1968. La production s'acheva en moins de quatre ans mais fut relancée pour huit unités du type Mk1 destinées à combler des pertes éventuelles.

La modernisation, portant principalement sur l'avionique et les capteurs améliorés, des premiers exemplaires n'intervint pas avant 1979. Ce retard permit de procéder à la transformation d'un total de trente-cinq avions –les récents et une partie des plus anciens– au standard Mk2 qui marquait la différence entre les nouvelles prestations et celles des modèles initiaux.

Ses capacités furent mises à l'épreuve au cours de la guerre des Malouines de 1982. Cette confrontation impliqua des actualisations.

D'abord, l'installation d'une perche de ravitaillement en vol pour augmenter son rayon d'action pour des patrouilles dont la durée pouvait atteindre les dix-neuf heures. Ils reçurent des pylônes sous voilure pour des missiles air-air AIM-9 Sidewinder ainsi que les plus récents équipements de brouillage électronique pour leur autodéfense.

Au gré des ans, une ultime modernisation s'imposait. Commandée en décembre 1996, elle est prévue durer jusqu'en 2009, époque où sortiront des chaînes les dix-huit derniers avions commandés.

Ce nouveau Nimrod, le MRA4 (Maritime, Reconnaissance and Attack Mk4) est un avion complètement différent hormis la cellule. L'habitacle s'inspire de celui des avions commerciaux Airbus ; le radar est le Searchwater 2000MR à agilité de fréquences et à balayage sectoriel automatique capable de gérer une centaine de contacts ; un processeur acoustique AQS-970 d'origine canadienne et d'un système secondaire de surveillance d'autodéfense de Lockheed Martin.

Cette transformation, en principe fixée à deux mille millions de livres sterling, conservera l'efficacité du Nimrod dans ses missions de patrouilles anti-sous-marines, de lutte antisurface ainsi que dans les sorties de recherche et de sauvetage. Le Nimrod reste le seul avion à réaction de ce type.

Les techniciens de EADS ont intégré le système FITS sur le CN-235. C'est un appareil de patrouille maritime moderne, efficace et économique.

Caractéristiques techniques

	Atlantique 2	Nimrod MRA 4
Prix en dollars :	100 millions	140 millions
Dimensions :		
Longueur	33,63 m	38,63 m
Hauteur	11,30 m	9,06 m
Envergure	37,46 m	38,71 m
Surface alaire	120,34 m²	235,00 m²
Surface des volets	24,42 m²	---
Superficie interne de travail	155,00 m²	196,40 m²
Poids :		
A vide	25.600 Kg	45.500 Kg
Maximal au décollage	46.200 Kg	90.000 Kg
Charge maximale externe	3.500 Kg	Va en bodega
Charge offensive	6.000 Kg	6.120 Kg
Carburant interne	23.120 l	48.780 l
Moteurs :	2 turboprops Rolls Royce "Tyne" RTy.20 Mk21 de 6.100 CV de poussée unitaire	4 réacteurs BMW/Rolls Royce BR710 de 6.200 CV de poussée unitaire
Prestations :		
Plafond pratique	9.145 m	12.800 m
Vitesse à haute altitude	648 Km/h	820 Km/h
Vitesse économique	555 Km/h	780 Km/h
Vitesse de patrouille	315 Km/h	370 Km/h
Course de décollage	1.840 m	1.400 m
Course d'atterrissage	1.500 m	800 m
Rayon d'action opérationnel	1.500 Km + 5 h de recherche sur zone	2.000 Km + 6 h de recherche sur zone
Distance franchissable	9.075 Km	10.000 Km

LE P-3 ORION,
EFFICACE ET POLYVALENT

Les Orion australiens assurent la surveillance de l'immense espace de la Zone Economique Exclusive et soutiennent les missions que les forces armées de leur pays entreprennent à l'extérieur.

Cette photographie fige un moment préalable au départ d'une mission. Le personnel à terre suit attentivement le processus afin de garantir une sécurité maximale.

A la fin de l'année 2003, il s'est produit ce qui restera un évènement dans l'histoire de l'aéronautique navale. Ce jour là, un avion de patrouille maritime P-3C Orion, appartenant à l'U.S. Navy, prît le contrôle à distance d'un avion de combat sans pilote à bord (UCAV pour Unmanned Combat Air Vehicule) depuis son décollage et bénéficia de la réception en temps réel de toutes les données fournies par les capteurs de ce dernier.

Cette nouvelle capacité, qui sera étendue à la flotte des P-3C américains dans les toutes prochaines années, s'ajoute à la gamme déjà étendue des missions accomplies par cet avion depuis ces quarante dernières années. Pour n'en citer que quelques-unes, de la traque des sous-marins soviétiques des années soixante-dix et quatre-vingt jusqu'à la guerre électronique dans le cadre des interventions en Afghanistan en 2002 et en Irak en 2003. Dans ces derniers cas, les données fournies par les capteurs étaient retransmises instantanément aux forces terrestres, et plus spécialement aux Marines, qui en tiraient profit pour la conduite de leurs opérations.

Nécessité manifeste

En face de la menace sous-marine d'abord prévisible et qui évolua en peu d'années en péril virtuel, le besoin d'un vecteur aérien s'amplifia à la fin des années cinquante. La solution intervint en 1958 quand la société Lockheed emporta la décision en proposant un avion de lutte anti-sous-marine extrapolé de l'appareil de ligne Electra. Un modèle expérimental destiné aux essais aérodynamiques prit l'air en août 1958. Le prototype YP-3A, doté d'une bonne partie d'équipements électroniques spécifiques à la mission pour laquelle il était conçu, faisait son premier vol en novembre de l'année suivante. Les résultats se révélèrent si satisfaisants que l'U.S. Navy se décida à l'acheter. Le premier appareil de série entra en service en août 1962. Quelques années plus tard, le besoin d'une version dotée de turbopropulseurs plus

puissants –en l'occurrence des Allison T-56-A-14– prit corps et donna lieu à la version P-3B. Son succès commercial s'affirma puisque cent vingt-quatre furent vendus à la marine américaine, cinq à la Norvège, autant à la Nouvelle-Zélande et dix à l'Australie. Dix ans ne s'étaient pas écoulés que sorti la version C, équipée de capteurs améliorés et d'équipements couplés à un ordinateur numérique Univac qui permettait une exploitation plus élargie des systèmes électroniques.

Ses capacités décidèrent l'U.S. Navy à acquérir, entre 1969 et 1978, un total de cent quarante-trois appareils, contrat mené conjointement avec le processus de modernisation de l'avionique mise aux standards P-3C Update suivi, à partir de 1977, de Update II. Cette dernière adaptation concernait la mise en place d'un système de détection à infrarouges IRDS (Infrared Detecting Set), du système SRS optimisé pour l'usage de bouées acoustiques et le lancement de missiles air-mer Harpoon. Ces modifications incitèrent la marine royale néerlandaise à acheter trois exemplaires de P-3C Update II.

A partir de 1984, la nouvelle modernisation Update III intervient. Elle concerne le montage de nouveaux processeurs acoustiques UYS-1 Proteus mis au point par la société IBM et de récepteurs de bouées acoustiques améliorés plus une génératrice auxiliaire qui permet à l'avion de s'affranchir de toute aide externe pour l'ignition des propulseurs. Le confort de l'équipage fut également amélioré.

Nouvelles capacités

Tous ces processus d'actualisation s'étaient institualisés. En 1990, il fut décidé de conformer quatre-vingt des cellules en service au standard Update IV mais des raisons budgétaires n'accordèrent cette mesure que pour onze exemplaires, de 1990 à 1992. Toutefois, cent quarante-six autres ont été modernisés, depuis avril 1998, pour la lutte antisurface au titre du standard P-3C Update III AIP (Anti-surface warfare Improvement Program).

C'est à la suite des enseignements tirés de la guerre du Golfe de 1991, notamment de certaines déficiences, que certaines de ces modifications permirent le tir du missile Maverick air-surface, guidé par laser, capable de neutraliser des bâtiments de surface comme de détruire des objectifs terrestres. Le système de balayage à infrarouges dirigé vers l'avant (Forward Looking Infrared ou FLIR) AN/AAS-36A est installé ; il est capable de déceler la moindre variation thermique avec une grande précision. Le capteur optronic AN/AVX-1 permet d'obtenir des images vidéo très utiles pour les missions de reconnaissance et de surveillance ; le radar de

▶ *Les tubes de lancement des bouées acoustiques sont implantés dans la partie inférieure du fuselage des P-3. Ces moyens acoustiques, dont il existe plusieurs versions y compris une télécommandée, sont conçus pour localiser sous la surface un objet dont les "oreilles d'or" de l'opérateur sauront déterminer l'origine.*

▶ ▶ *Le poste de pilotage de l'Orion est relativement spacieux pour les trois hommes qu'il accueille –deux pilotes et le mécanicien navigant– et leur offre une bonne visibilité. L'instrumentation principale de vol se trouve sur le tableau de bord et sur les consoles placées entre les deux pilotes. D'autres équipements sont situés dans le panneau monté sur le plafond de l'habitacle. Les missions de surveillance maritime demandent des manoeuvres serrées et des vols à une altitude moyenne de 455 mètres.*

recherche AN/APS-137B (V) multimodes a la capacité de détecter des buts de dimension aussi réduite que le périscope d'un sous-marin, un analyseur de signaux EP-2060, qui connecté avec la nacelle de mesures de soutien électronique (ESM pour Electronic Support Measure) AN/ALR-66C(V)3, détecte, analyse et localise les signaux électromagnétiques émanant de toute source navale, terrestre ou aérienne.

Tous ces équipements de la dernière génération se complètent par la réforme des écrans de visualisation des pilotes comme des opérateurs et par le système de transmission à longue portée OASIS III (Over the horizon Airborne Sensor Information System) qui facilite le transfert d'information au profit d'autres plates-formes amies.

Cette évolution fut éprouvée au combat lors de la confrontation armée –opération Forces Alliées– entre les forces de l'OTAN et celles des Serbes. Evoluant au-dessus de l'Adriatique, des P-3C modifiés furent très utiles lors des lancements de missiles de croisière BGM-109 Tomahawk TLAM (Tomahawk Land Attack Missile). De même, les images obtenues par leurs capteurs permirent de localiser plus de trois mille contacts et de transmettre les coordonnées en temps réel à l'état-major interallié commandant les opérations militaires ; cette procédure de surveillance s'appliqua après le cessez-le-feu contre la contrebande d'armes.

Autant de succès qui amena le chef des opérations navales américain (CNO, Chief Naval Operations) à peaufiner les prestations de l'Orion pour l'engager contre les narcotrafiquants. Cette nouvelle variante, qui a reçue le sigle CDUE (Counter Drug Update Equipment) emporte un radar de veille air AN/APG-66, un système sophistiqué de communications et un capteur high-tech AN/AVX-1(V).

Evolution des missions

La marine américaine suivait avec intérêt toutes ces évolutions technologiques et à leurs applications au point de passer commande pour plus de cinq cents unités de différentes configurations. Cet intérêt était partagé par d'autres pays, parmi lesquels l'Espagne –qui a signé un contrat de modernisation de ses P-3B au standard FITSS–, l'Argentine, le Canada, le Chili, le Brésil, le Japon, la Corée du Sud, la Grèce, le Portugal et l'Iran dont il ne reste plus que trois unités sur l'effectif initial de six P-3F du temps du Shah et ces trois survivants présentent un taux de disponibilité réduit.

Le succès des ventes s'appuie sur la combinaison idoine d'une plate-forme d'une fiabilité sans faille avec la dotation d'équipements toujours adaptés pour faire face à la menace tout en permettant, en plus, l'actualisation des capacités de façon relativement peu onéreuse et faci-

litant l'adaptation de nouvelles technologies qui confortaient sensiblement l'Orion dans un rôle de vecteur aérien de contrôle naval. L'avion a suivi progressivement une évolution depuis les classiques missions de patrouille maritime à d'autres beaucoup plus sophistiquées et cette polyvalence ne l'a jamais décalée des exigences militaires du moment.

Il est important de mentionner la considérable autonomie de patrouille dont témoigne l'Orion et qu'il doit à un réservoir central de fuselage et quatre de plus dans les ailes. Ses moteurs, qui lui valurent de battre le record mondial de vitesse en ligne droite pour avions à hélice en atteignant les 806,1 kilomètres/heure, sont quatre turbopropulseurs ; une procédure habituelle, pour réduire la consommation du carburant et accroître le temps de patrouille, consiste à ne voler que sur deux ou trois moteurs – sans déroger à la sécurité de l'appareil et de son équipage. Généralement, les vols de patrouille s'effectuent à basse altitude pour améliorer les possibilités de détection.

Non moins significative est la répartition de travail proportionnelle aux onze membres d'équipage. Trois se concentrent sur le vol, les autres dans des compartiments installés dans diverses tranches du fuselage. Afin d'alléger les contraintes humaines lors des longues missions, l'équipage dispose de toilettes, d'un compartiment cuisine avec tout le confort – four à microondes, réfrigérateur, plaques chauffantes électriques, etc. – et une aire de repos.

Pour finir, signalons qu'en complément des capteurs, l'avion emporte divers types de bouées acoustiques dotées d'émetteurs destinés à localiser les sous-marins. L'Orion emporte aussi des marqueurs pour colorer l'eau et situer l'objectif et des fusées éclairantes pour faciliter l'identification visuelle nocturne. Son armement, emporté dans la soute de fuselage et sous dix pylônes d'intrados, peut comprendre des torpilles, des mines, des charges de profondeur, des missiles antinavires, des missiles air-air d'autodéfense et jusqu'à des bombes nucléaires Mk-57, dont la charge de 5 à 10 kilotonnes est sensée détruire un sous-marin en plongée par le seul effet de la pression générée.

Pour remplacer l'omniprésent Orion, un onéreux programme d'études, le MMA (Multimission Maritime Aircraft) est lancé pour proposer un successeur aussi capable et polyvalent et qui devrait entrer en service vers 2012 mais ce projet pourrait être abandonné et les P-3C prolongés ; une option de remplacement par une version modifiée du Boeing 737-700 est à l'étude.

◄ Cette vue de la partie inférieure du fuselage d'un P-3 nous permet d'observer la soute à armement ouverte et la disposition des éjecteurs de bouées acoustiques.

◄◄ Cette photographie rend patente la capacité offensive du P-3 que l'on peut voit armé de quatre missiles antinavires qui font mouche à 100 kilomètres.

Caractéristiques techniques du P-3C

Prix :	60 millions de dollars
Dimensions :	
Longueur	35,61 m
Hauteur	10,27 m
Envergure	30,37 m
Surface alaire	120,77 m²
Surface des volets	19,32 m²
Superficie de la cabine	61,13 m²
Poids :	
A vide	27.890 Kg
Maximal au décollage	64.410 Kg
Charge offensive	9.071 Kg
Carburant	34.826 l
Moteurs :	4 turbopropulseurs Allison T56-A-14 d'un développement unitaire de 4 910 CV et qui entraînent des hélices Hamilton Standard 54H60-77 quadripales et à pas constant.
Prestations :	
Plafond pratique	8.625 m
Vitesse à haute altitude	761 Km/h
Vitesse de patrouille	381 Km/h
Course de décollage	1.290 m
Rayon d'action de combat	2.494 Km + avec 3 h de patrouille à 455 m
Distance franchissable	7.670 Km

LE S-3 VIKING,
PLUS QU'UN CHASSEUR DE SOUS-MARINS

Le S-3 Viking a été conçu pour devenir le principal vecteur anti-sous-marin embarqué pour assurer la protection des porte-avions américains et de leurs unités d'escorte.

Ses trente années de service actif qu'il a accomplies ont permis de d'améliorer ses capacités pour exécuter la mission pour laquelle il a été conçu et de démontrer que la cellule témoigne de la polyvalence nécessaire pour lui permettre d'accomplir des actions complémentaires de soutien au profit des autres appareils embarqués.

Satisfaire une nécessité

Ce fut au milieu des années soixante que s'imposa la nécessité de concevoir un appareil qui remplacera le S-2 Tracker, chargé des missions anti-sous-marines (ASW pour Anti Submarine Warfare) depuis les porte-avions de l'U.S. Navy. Cinq offres furent soumises et dont l'examen résulta par la signature d'un contrat de 462 millions de dollars avec l'avionneur Lockheed pour la réalisation de ce projet.

Cette dernière société s'attela à la tâche à laquelle participèrent d'autres compagnies : Vought –spécialisé dans la construction d'avions pour la marine– se chargeait des ailes, du train d'atterrissage et des nacelles des moteurs tandis que Univac était responsable du calculateur digital embarqué permettant de gérer les données fournies par les différents capteurs du bord.

Cette union industrielle porta ses fruits car le premier prototype se trouva prêt dans un laps de temps relativement court. Le premier vol du S-3 eut lieu le 21 janvier 1972. Huit autres appareils suivirent et qui servirent aux évaluations permettant de tester son potentiel et mettre au point les différents équipements. Ce processus, contrairement à l'habitude, progressa rapidement.

Il ne s'écoulera que deux ans avant la remise des premiers S-3A à la marine américaine en février 1974. Ils furent incorporés au Squadron d'entraînement VS-41 qui opérait de la Naval Air Station (NAS) de North Island en Californie. L'année suivante, en juin 1975, les Viking du VS-21 embarquèrent sur le porte-avions John F. Kennedy afin d'entreprendre leur première campagne en mer. Celle-ci se révéla très positive et incita l'U.S. Navy à accélérer l'affectation de l'avion aux formations de première ligne.

Au milieu de 1978, la chaîne de production de Lockheed à Burbank s'arrêta après avoir construit 187 S-3A.

Dès le début du programme, l'amélioration des prestations initiales était décidée et s'accompagnait de l'installation de divers

▲ La conception du Viking était initialement axée sur son embarquement à bord des porte-avions américains. Un détail caractéristique de tout avion embarqué, celui du repliage des ailes afin de réduire l'encombrement tant sur le pont d'envol que dans le hangar.

◄ L'une des dernières tâches confiées à des S-3 et pour laquelle ils ont été conformisés est celle de tanker pour le ravitaillement en vol d'autres appareils de l'aéronautique navale.

équipements améliorés et de l'introduction de nouveaux systèmes. Le premier pas en ce sens concerne le WSIP (Weapon System Improvement Program) du début des années quatre-vingt, un programme d'ensemble pour la mise au point des capacités opérationnelles par l'emploi de divers systèmes d'armes. L'objectif était d'évoluer depuis la vocation initiale purement anti-sous-marine jusqu'à faire du S-3 une plate-forme capable de combattre d'autres menaces, notamment les bâtiments de surface.

Amélioration des capacités

C'est dans ce contexte que commencèrent les études concernant la possibilité de moderniser les systèmes embarqués des exemplaires affectés aux formations des Flottes de l'Atlantique et du Pacifique. Dans les années 90, on choisit la mise au standard S-3B des appareils en service plutôt que de fournir de nouveaux appareils. Cette modification consiste principalement dans l'amélioration de l'équipement de traitement de données acoustiques et l'accroissement des capacités du dispositif de mesures de soutien électronique ; l'avion fut doté d'un radar à ouverture synthétique ISAR/SAR qui fonctionne en parallèle avec un nouveau capteur à infrarouges et de points d'attache de pylônes sous voilure pour emporter des missiles antinavires à longue portée comme l'AGM-84 Harpoon.

La dernière modernisation, évaluée lors d'une campagne d'essais qui se terminèrent fin mars 2003, intervient au profit de l'adoption de missiles à guidage par laser AGM-65 F Maverick. Ces derniers furent éprouvés au combat au cours de l'opération Liberté pour l'Irak, notamment par l'attaque d'un objectif naval sur le fleuve Tigre dans la périphérie de la ville irakienne de Bassorah.

Toujours dans le cadre de ce processus évolutif, il est prévu à moyen terme de doter

Caractéristiques techniques du S-3B Viking

Prix :	45 millions de dollars
Dimensions :	
Longueur	16,26 m
Hauteur	6,93 m
Envergure	20,93 m
Surface alaire	55,74 m²
Poids :	
A vide	10.954 Kg
Maximal au décollage	23.643 Kg
Carburant interne	7.192 l
Carburant externe	2.272 l
Moteurs	2 réacteurs General Electric TF34-GE-400Bd'une poussée unitaire de 4.150 Kg
Prestations	
Plafond pratique	12.200 m
Vitesse maximale	828,8 Km/h
Course de décollage	807 m
Distance franchissable	4.232 Km

les S-3B de torpilles ou de missiles AGM-84 H SLAM-ER (Stand-off Land Attack Missile, Extended Response) pour l'attaque d'objectifs à terre. Dans le même esprit, ces avions perdent progressivement leur rôle ASM, car la menace des sous-marins persiste mais à un degré infiniment moindre pour l'instant.

Aussi, en partant de la cellule de base, plusieurs variantes ont été mises au point telle la US-3A, version utilitaire dont l'avionique de lutte ASM est démontée pour permettre le transport de fret et de courrier et le KS-3A de ravitaillement en vol grâce à des nacelles sous voilure du type Sergent Fletcher mais qui reste de capacités limitées. Une version de guerre électronique, le ES-3A Shadow est maintenant retirée du service en raison du coût élevé de la maintenance de leurs équipements électroniques pour être remplacée par le EP-3 E Aries II.

L'on peut donc circonscrire les activités du Viking aux attaques d'objectifs hostiles, de ravitaillement en vol, de surveillance, de

◄◄ *L'acheminement de S-3 du hangar au pont d'envol du porte-avions passe par l'un des ascenseurs du bord. Les dimensions de l'élévateur lui permettent de recevoir deux appareils à la fois et de les manipuler conjointement.*

◄ *L'habitacle est doté d'une large verrière qui facilite la surveillance visuelle des pilotes tandis que les deux opérateurs systèmes disposent chacun d'un hublot.*

recherche et de sauvetage, de commandement et de contrôle aérien, sous n'importe quelles conditions atmosphériques et de jour comme de nuit.

Un large éventail de missions, desquelles il convient de ne pas oublier la lutte anti-sous-marine originelle, ne peut être menée que grâce à la parfaite adéquation de la cellule qui a favorisé l'évolution. L'équipage se compose de deux pilotes installés dans un habitacle à configuration classique et de deux opérateurs systèmes (en version ASM, un opérateur bouées acoustiques et un coordinateur tactique) situés dans un compartiment arrière de la cabine. Son rayon d'action est large et son enveloppe de vol assez bonne grâce à ses deux réacteurs à double flux fiables et puissants installés sous voilure.

De plus, son autonomie peut être augmentée grâce à la perche de ravitaillement en vol située au-dessus de l'habitacle et s'escamotant dans une tuyauterie de carburant reliée au réservoir de voilure.

LES AVIONS DE RAVITAILLEMENT EN VOL

Pendant des dizaines d'années, les activités aériennes ont revêtu plusieurs facettes mais restaient toujours limitées par la distance entre la base et l'objet de la mission. Depuis que beaucoup d'avions de combat, d'avions de transport et, a fortiori, les hélicoptères, disposent d'un rayon d'action proportionné à la contenance de leurs réservoirs, il s'est avéré nécessaire de disposer de moyens pour augmenter leur autonomie et garantir que les avions puissent atteindre leur objectif et en revenir sans risquer d'abandonner la mission à mi-chemin.

Pour satisfaire à cette exigence, sont apparus ce que l'on désigne sous le terme générique d'appareils de ravitaillement en vol, c'est à dire des avions spécialement modifiés pour transférer à d'autres appareils le précieux carburant qui leur permet de rester en vol. En outre, cette faculté –qui sous-entend une importance certaine– ne faisait qu'accentuer la prédominance de la force aérienne qui en disposait et augmentait son autarcie.

Perspective historique

Les premières opérations de ravitaillement en vol se déroulèrent en 1923 et mettaient en oeuvre des biplans De Haviland DH-4. Beaucoup de temps s'écoulera avant que n'apparaissent des modèles polyvalents capables de fournir cette prestation et d'autres entièrement dévolus à cette tâche.

Son utilité a encore été récemment prouvée durant les opérations alliées sur l'Irak en 2003, sans compter lors de campagnes aériennes précédentes.

Au cours de la guer-re des Malouines en 1982, les Britanniques eurent recours à cette pratique ainsi que les Israéliens lors de la téméraire attaque de la centrale nucléaire irakienne d'Osirak et la mettant hors d'action avant même qu'elle entre en service par un bombardement précis de F-16. Plus conventionnels sont les ravitaillements en vol dont bénéficient les F-18 Hornet espagnols qui se rendent à la base aérienne de Nellis, au Névada, pour participer aux exercices tactiques hyper-réalistes qui s'y déroulent dans le cadre de *Red Flag*. Ces déplacements exigent une préparation méthodique des ravitaillements successifs qui interviendront pour permettre à des chasseurs-bombardiers monoplaces d'atteindre un objectif aussi lointain.

Ces exemples opérationnels sont le fruit de procédures qui se sont généralisées et qui impliquent un haut degré de préparation de tous les pilotes concernés, indépendamment du type d'avion employé.

La préparation sera d'autant plus intense,

Dans le domaine des ravitailleurs en vol, la création la plus moderne est l'oeuvre du consortium Airbus, le A310. Le constructeur a également mis au point des équipements spécifiques.

Cette photo nous expose ce que voit le pilote de l'avion receveur lors d'un ravitaillement en vol.

L'un des détails technologiques les plus modernes de l'Airbus est ce réservoir à carburant avec sa perche rétractée à l'intérieur, mis au point pour rénover les techniques actuelles.

tant pour ceux qui transfèrent que pour ceux qui reçoivent, si le ravitaillement se déroule en conditions extrêmes. Mais le bon déroulement d'une telle opération permet d'accroître la projection aérienne et un emport maximal de charges offensive ou de fret selon les avions concernés.

Sur le strict plan opérationnel, une planification détaillée est primordiale pour réussir la jonction, au lieu et à l'heure prévus, entre les avions citernes et ceux qui ont besoin de se ravitailler.

La technologie moderne est venue améliorer considérablement le bon déroulement d'une telle opération ne serait-ce que par le GPS qui donne la position globale avec une marge d'erreur de 10 mètres, au pire, via des transmissions codées par satellite.

▶ *Cette vue permet d'observer un F-18 Hornet australien en train de se ravitailler en vol. La durée de l'opération est proportionnelle à la quantité de carburant transférée.*

▼ *Grâce aux B707 australiens, les chasseurs-bombardiers de ce pays bénéficient de "bottes de sept lieues" sans lesquelles beaucoup d'interventions extérieures leur seraient fermées.*

Philosophie de travail

Afin de percevoir le carburant, l'aéronef à ravitailler est doté d'une perche fixe –mode le plus répandu– et escamotable grâce à un dispositif mécanique qui permet son extension au moment souhaité ou du type à réceptacle, généralement intégré dans la partie supérieure du fuselage. Pour sa part, l'avion citerne doit emporter une charge considérable de carburant qui se répartit, selon les types d'avions et la nature de la mission, dans des réservoirs principaux de fuselage et/ou dans des nacelles alaires ou sous voilure ; il faut tenir compte également de la vitesse de transfert hydraulique du carburant et de la procédure en fonction du système utilisé. En effet, deux grands concepts différents cohabitent. Le système "tout rigide", pratiqué dans l'USAF et chez les utilisateurs étrangers de F-16 et F-18 : une perche télescopique manoeuvrée par un boomer (spécialiste ravitaillement en vol) vient se connecter dans un réceptacle en forme d'entonnoir.

Le système *probe and drogue*, lui, est constitué d'un tuyau souple terminé par un panier dans lequel le receveur vient enquiller sa perche fixe ou rétractable. Ce système standard dans l'U.S. Navy, le probe and drogue est aussi celui adopté en Europe.

Le ravitaillement en lui-même ne présente pas de difficultés majeures et obéit à des procédures diverses dictées par les types d'aéronefs et du mode expliqué plus haut. Le *ravito* type s'effectue sous un point dans l'enveloppe duquel l'avion citerne orbite dans l'attente du transfert.

Une autre procédure fréquente se place lors d'un convoyage. La différence veut que le tanker accompagne les receveurs sur une ou plusieurs séquences de vol ; moins fréquent, le ravitaillement circulaire pratiqué lorsque les conditions météo sont mauvaises ou s'il s'agit d'un cas d'urgence. Dans ce cas, c'est le ravitailleur qui vient au-devant de l'appareil qui a besoin de ses services pour l'assister de son carburant.

Les trois premières procédures demandent l'établissement préalable d'une zone de contrôle de ravitaillement par air (ARCP pour Air Refuelling Control Point) et d'un horaire précis (ARCT pour Air Refuelling Control Time) pour faciliter le contact entre protagonistes. De même, la phase préparatoire à l'opération intègre les paramètres dont le non-respect pourraient perturber l'une des phases : vitesse, altitude de vol, quantité de carburant, éléments de navigation, etc.

Les différents vecteurs

Les Britanniques disposent de British Aerospace VC10 K Mk2/3 et de Lockheed L-1011-500 TriStar –destinés à être remplacés par les nouveaux Airbus A330-200 récemment sélectionnés par le programme MRTT (Multi-Role Tanker Transport) ; les Espagnols recourent aux KC-130H spécialement transformés par l'installation de réservoirs auxiliaires d'intrados et de réservoirs internes démontables ; les Russes utilisent des Iliouchine Il-78 Midas et des Toupolev Tu-16N tandis que d'autres pays comme la France, l'Australie, le Canada, Israël ou la Turquie disposent de tankers adaptés depuis la cellule des Boeing 707.

La plus imposante flotte de ravitailleurs en vol appartient aux Etats-Unis et qui ne subit pas de contrainte budgétaire en raison du nombre et de l'importance des déploiements et projections stratégiques. Un chiffre significatif si l'on se réfère à la guerre du Golfe de 1991 : vingt-six mille ravitaillements en vol ; chiffre pratiquement similaire pour les actions en Afghanistan de 2002 et en Irak de 2003. Le nombre d'heures de vol accumulées est si colossal que les responsables de l'U. S. Air Force de prévoir l'incorporation d'un nouvel appareil pour pallier l'augmentation du nombre d'heures de vol enregistrées par les appareils actuellement en service.

Le choix s'est porté sur le Boeing 767 pour lequel un accord de principe a été passé avec l'avionneur pour le louage à long terme d'une centaine de ces appareils. Toutefois, des informations récentes laissent entendre que le Pentagone pourrait revenir sur cette décision. Certains "mauvais esprits" ne se gênent pas pour dire que la décision initiale

Les KC-10 disposent comme moyen principal de ravitaillement d'une perche centrale située dans la partie inférieure du fuselage. Les deux papillons (ruddevators) servent à manoeuvrer aérodynamiquement la perche lors de son extension.

Détail du sightseeing door du poste de l'opérateur ravitaillement en vol. Installé à plat ventre sur la banquette de la baignoire, l'ORV dispose de toutes les commandes à portée de main d'alimentation et de pilotage du boom.

s'expliquerait plutôt par le désir de venir en aide à Boeing, passablement en difficulté commerciale depuis l'attentat du 11 septembre et que le protectionnisme américain n'est pas étranger au barrage opposé au consortium européen Airbus dans le contexte du marché des ravitailleurs.

Quelle que soit l'issue de cette "guerre de l'ombre", l'USAF compte actuellement plus de cinq cents KC-135 Stratotanker et une cinquantaine de KC-10 Extender. Les premiers volent depuis 1954 et sont aussi en service en France, en Turquie et à Singapour. Ils sont nés en même temps que le Boeing 707 dont ils partagent la cellule. Les réacteurs d'origine ont été remplacés pour une grande partie des appareils par des CFM56 français qui ont révolutionné la vie des équipages en offrant des performances supérieures au décollage, en taux de montée, en consommation. Les avions ainsi modernisés –il s'agit presque de nouveaux avions– sont désignés KC-135R (ou FR pour France) et KC-135T ; des KC-135E aux turbines d'origine TF-33-PW-102 sont encore en service. Le changement de propulseurs a résulté par un emport supérieur de carburant tout en entraînant une consommation moindre, réduisant d'autant la charge financière opérationnelle. Les tankers peuvent couvrir deux mille cinq cents kilomètres en emportant soixante-dix huit tonnes de carburant transférables par le boom ou perche extensible. Une cinquantaine sont équipés du Mark 32B du système probe and drogue destiné à ravitailler les appareils de l'U.S. Navy et des nations de l'OTAN.

La capacité du triréacteur KC-10, qui est dérivé de l'avion commercial DC-10 de chez Boeing, est supérieure. Il est entré en service en 1981 et depuis cette date, il ne cesse d'être mis à contribution car ses 206 130

Le ravitaillement en vol permet d'accroître le rayon d'action ou la durée d'une mission. Les avions d'écoute électronique profitent également de transfert de carburant.

litres de carburant emporté le place en tête des tankers ; il peut délivrer 4 180 litres à la minutes, ce qui n'est pas un record mais le KC-10 a pour lui d'être équipé des deux systèmes (perche rigide et tuyau souple) et peut passer de l'un à l'autre en quelques minutes et ainsi satisfaire l'ensemble des avions occidentaux à l'exception des Jaguar.

La prévision de l'USAF situe le début du retrait du service actif des Stratotanker à partir de 2010, néanmoins certains KC-135R devraient voler jusqu'en 2030, voire au-delà, à condition de moderniser certains équipements. La durée de vie des Extender s'inscrit à plus long terme mais pourrait se réduire drastiquement si le niveau opérationnel des premières années du présent siècle se maintient. Concernant ce type d'avion, l'entrée en service d'un nouveau modèle est un impératif tactique et technique.

Caractéristiques techniques

	KC-135	KC-10
Prix en dollars :	50 millions	88,4 millions
Dimensions :		
Longueur	41,53 m	54,40 m
Hauteur	12,70 m	17,40 m
Envergure	39,88 m	50,00 m
Poids :		
A vide	44.464 Kg	105.300 Kg
Maximal au décollage	146.285 Kg	265.500 Kg
Emport maximal carburant	90.716 Kg	160.200 Kg
Prestations :		
Plafond pratique	15.240 m	12.727 m
Vitesse maximale	940 Km/h	964 Km/h
Course de décollage	1.200 m	1.200 m
Distance franchissable	2.419 Km	7.000 Km

LE C-101 AVIOJET
LE RÉACTEUR LÉGER ESPAGNOL

◀ *Le C-101 est un avion à réaction d'entraînement aux caractéristiques intéressantes et qui reste le seul de sa catégorie à être construit en Espagne.*

▶ *La ligne du C-101 est plus agréable que celle de la plupart des équivalents étrangers surtout par la finesse de son nez et la rondeur du fuselage.*

Les forces aériennes d'Espagne, de Jordanie, du Honduras et du Chili ont en commun l'emploi de l'Aviojet pour l'entraînement des pilotes et les missions d'appui rapproché. Il s'agit d'un avion à réaction d'entraînement léger de la seconde génération qui réunit des qualités intéressantes et des prestations associées à un prix d'achat et un coût d'exploitation réduits.

Le projet

Le développement du C-101 débuta à l'été 1974 sous la férule des ingénieurs et techniciens de la société espagnole Construcciones Aeronauticas S.A. (CASA), aujourd'hui la EADS-CASA. L'objectif poursuivi était la mise au point d'un avion à réaction léger de formation de base et d'entraînement avancé pour les pilotes de combat des vingt prochaines années.

Grâce à la collaboration des Allemands de MBB et des Américains de Northrop, la période d'études et de développement fut courte. Le prototype fut présenté au public le 27 mai 1977 et effectua son premier vol le mois suivant, le 27 juin, soit moins de vingt et un mois après la signature du contrat. L'année 1978 fut consacrée à l'évaluation des quatre exemplaires de présérie et qui résulta par la commande de l'armée de l'air espagnole de 60 appareils du type EB, qui

seront livrés entre octobre 1979 et fin 1982. Ils furent affectés à l'Académie générale de l'Air (AGA) de San Javier de Murcie et sont utilisés par les instructeurs qui servent au sein de la patrouille acrobatique nationale Aguilas ; quelques uns furent engagés temporairement dans des missions tactiques ou servirent de plastron offensif dans le cadre de manoeuvres. Plus tard, le nombre de C-101 s'augmenta de 28 exemplaires qui furent affectés au Groupe d'école d'entraînement de Matacan à Salamanque ; sa désignation au sein de la force aérienne espagnole est E.25 Mirlo.

L'expérience espagnole séduisit plusieurs clients étrangers. Le premier pays à se prononcer fut le Chili qui reçut une trentaine d'appareils à partir de 1981 dont une bonne partie fut construite localement par la firme ENAER ; la version CC porte la désignation A-36 Halcon (faucon) et T-36 Halcon pour les C-101 BB portant également les cocardes chiliennes.

D'autres commandes suivirent. Quatre exemplaires pour le Honduras avec une avionique modifiée et seize du type CC pour la force aérienne jordanienne qui furent livrés entre 1987 et 1988. Les prévisions situent le service de l'Aviojet dans l'armée de l'air espagnole pour encore au moins une dizaine d'années avant son remplacement par l'Eurotrainer, actuellement au stade de projet. Cette prolongation de service actif implique des modifications, notamment dans la configuration de l'habitacle qui recevra des écrans de visualisation numérique conformes à l'évolution technique en ce domaine.

Capacités variées

A partir du modèle de base, une version d'attaque au sol a été mise au point, la BB qui sera adoptée par le Chili et le Honduras. Elle diffère par un propulseur plus puissant et quelques modifications mineures pour l'avionique.

La version CC est plus élaborée. Ses équipements englobent un détecteur d'alerte radar, d'un collimateur cathodique tête haute – à l'origine un GEC Ferranti FD 4513 ; enfin, l'augmentation des points d'attache permet l'emport de plus de deux tonnes de charge offensive : bombes, roquettes, missiles.

Sa polyvalence comme avion école et d'appui tactique limité et les perspectives de ventes sur un marché pourtant limité dans la première spécificité ont amené à la conception d'une variante plus puissante, la DD dont le prototype prit l'air le 20 mai 1985. Ce dernier était propulsé par un réacteur de 2 132 kg de poussée ; son système intégré qui, relié

▼ *Le C-101 a su se faire une place sur le marché international malgré des performances un peu inférieures à celles des autres appareils. Son prix l'est aussi...*

▼ ▼ *L'intrados de l'Aviojet peut recevoir divers armements. Ici, un des C-101 espagnols emporte une cible aérienne pour un exercice de tir de chasseurs-bombardiers.*

à un Doppler et à des aides pour la navigation, permet au pilote de travailler sur de nombreux modes de navigation et de tir en usage sur les avions de chasse. Il incorporait aussi des processeurs de mission, une plate-forme inertielle de gravitation, tous équipements interconnectés avec un bus de données 1553B. Néanmoins, le DD n'a guère suscité d'intérêt et s'est heurté aux mêmes problèmes que l'italien MB-339.

Néanmoins, c'est dans sa version avion d'entraînement que le succès de l'Aviojet s'est affirmé avec plus d'une centaine d'exemplaires construits. Le concept appliqué à son développement, surtout la construction modulaire du fuselage, lui permet de supporter des facteurs de charge élevés de +7,7 G à -3,9 G, notamment lors des missions d'entraînement voire d'attaque, et qui lui garantit une vie utile de dix mille heures de vol.

Dans les habitacles, l'élève et l'instructeur sont assis en tandem. Le premier à l'avant, le second dispose d'un habitacle surélevé de 32,5 cm qui lui procure un excellent champ visuel vers l'avant. Les sièges éjectables sont des Martin-Baker Mk10. Les ailes sont monobloc et répondent à la technologie Fail Safe ; elles sont aérodynamiquement efficaces et d'une bonne rigidité structurelle, combinaison favorable à la maniabilité et l'implantation de réservoirs structuraux.

Sa capacité totale en carburant JP4 est de 2 414 litres mais elle se situe généralement autour de 2 337 litres. Cette quantité, conjuguée avec la consommation modeste de son unique réacteur Garrett TFE-731-2-2J de 1 678 kg de poussée, lui confère une large autonomie ; le C-101 réalise des missions d'entraînement d'une heure dix minutes sans le moindre répit de régime. S'il est dépourvu de post-combustion, il offre un niveau de bruit très faible, une basse signature infrarouge, un coût de maintenance réduit plus un processeur qui monitorise son fonctionnement et vérifie la conformité des paramètres d'emploi du constructeur à l'usage. L'avion est accusé d'un potentiel insuffisant, confirmé par certains utilisateurs. Il n'empêche qu'il décolle en 13 secondes en n'utilisant que 560 mètres de piste.

En résumé, l'Aviojet est un avion d'entraînement économique et performant qui, moyennant la modernisation de son avionique, restera encore longtemps en service.

La maniabilité de ce petit réacteur espagnol a été démontrée lors de nombreux meetings internationaux. Les manoeuvres audacieuses des pilotes de la patrouille acrobatique Aguila accaparent toujours l'attention.

Caractéristiques techniques du C-101 DD	
Prix :	7 millions de dollars
Dimensions :	
Longueur	12,50 m
Hauteur	4,25 m
Envergure	10,60 m
Superficie alaire	20,00 m²
Surface des volets	2,50 m²
Poids :	
A vide	3.470 Kg
Maximal au décollage	6.300 Kg
Charge maximale offensive	2.250 Kg
Emport carburant	2.414 l
Prestations :	1 réacteur à double flux Garrett TFE-731-5 de 2 132 kg de poussée
Plafond pratique :	
Prestations	13.410 m
Vitesse maximale	0,8 Mach
Course de décollage	560 m
Rayon d'action de combat	600 Km avec un canon de 30 mm et deux missiles Maverick
Distance franchissable max.	3.706 Km
Facteur de charge	+7,5 g's

LE HAWK,
RÉUSSITE BRITANNIQUE

L'avion d'entraînement avancé British Aerospace (BAE) Hawk a été sélectionné par dix-neuf forces aériennes dans le monde, ce qui représente environ neuf cents exemplaires.

Ses qualités sont idoines pour en faire également un avion d'appui tactique qui offre un large éventail de missions. Depuis 1976, année de la réception du premier exemplaire de série par la Royal Air Force, le Hawk totalise plus d'un million d'heures de vol.

Plus qu'un avion d'entraînement

Son origine remonte au début des années soixante-dix et sa création obéit aux spécifications de la RAF qui manifestait le besoin de cent soixante-seize unités d'entraînement avancé. Le contrat initial fut signé en mars 1972 et les nouveaux exemplaires de la version Mk1 commenceront à être livrés quatre ans plus tard sur la base aérienne de Valley ; peu après, certains seront affectés aux Red Arrows, la fameuse patrouille acrobatique britannique qui a poussé au sommet l'art de la voltige aérienne par la qualités de ses démonstrations.
Le Royaume-Uni a toujours su maintenir une politique de ventes spéciales à l'égard des pays

◄ *Le Hawk est un avion qui a rencontré un grand succès commercial et qui a su évoluer pour donner lieu à différentes versions qui répondent à des exigences concrètes de ses clients.*

▼ *Les Etats-Unis se sont aussi prononcés en faveur de cette réalisation britannique. La marine américaine a adopté le T45 Goshawk, un modèle construit sous licence qui garde beaucoup de similitude avec l'original européen.*

relevant de sa sphère d'intérêts et particulièrement en Asie et au Moyen-Orient. A tous ces clients, il faut ajouter l'Inde qui vient de signer un protocole d'accord pour soixante-seize exemplaires –desquels quarante seront construits localement par Hindustan Aeronautics Limited (HAL) de 2005 à 2010. Parmi les autres clients, on trouve l'Arabie Saoudite, l'Australie, le Bahreïn, le Canada, la Corée du Sud, la Finlande, l'Indonésie, le Kenya, le Koweït, le sultanat d'Oman, l'Afrique du Sud et la Suisse ; de plus, le Hawk est sélectionné par l'Organisation du Traité de l'Atlantique Nord (OTAN) qui l'utilise sur des bases canadiennes où sont entraînés quelques-uns des pilotes de combat qui appartiennent à des pays signataires de l'Alliance.

Le T-45A Goshawk constitue un cas particulier ; il s'agit de la version américaine navalisée construite par McDonnell Douglas pour satisfaire aux nécessités de la formation des pilotes embarqués et qui est utilisé par l'U.S. Navy et le Marine Corps.

L'évolution du Hawk a été constante et habile tant sur le plan technique qu'industriel. Le premier modèle fourni à la RAF correspondait à la version Mk1, dont a été extrapolée la variante Mk1A adaptée pour remplir des missions de défense aérienne sur des points précis –dotée de missiles air-air AIM-9L Sidewinder sur des pylônes sous voilure–, puis suivront les séries 50, 60, 100 et la 200, la plus récente qui concerne un monoplace d'appui rapproché et dont le potentiel offensif n'a rien de méprisable.

L'évolution des cellules a entraîné l'introduction de nouveaux propulseurs. Les versions ultérieures du réacteur à double flux ont procuré une puissance et un rayon d'action supérieurs tandis qu'augmentait la capacité d'emport de la charge offensive qui se compose, pour la version standard biplace, de une à deux tonnes d'armes accrochées sur des pylônes d'intrados. Des modifications aérodynamiques sont aussi intervenues pour améliorer l'enveloppe de vol qui caractérise le Hawk.

Détails intéressants

La modification notable de la cellule concerne le changement apporté aux instruments et commandes de bord des deux habitacles qui sont synthétisés par des écrans de visua-

▼ *Vue rapprochée qui permet d'observer le cordon explosif de fragmentation de la verrière qui recouvre les deux habitacles. En cas d'urgence, la verrière est pulvérisée quelques millisecondes avant l'éjection des pilotes.*

lisation multifonction de la dernière génération. Cette transformation s'est appliquée parallèlement à la définition de versions plus performantes.

Par exemple, à partir de 1982, la série 100 fut mise au point et était dotée d'un réacteur de 2 630 kg de poussée et d'un système de contrôle de vol HOTAS (Hands On Throttle And Stick). Le système d'armes comprenait une centrale inertielle, un collimateur cathodique tête haute, un télémètre laser, un système de balayage à infrarouges orienté vers l'avant, un détecteur d'alerte radar et une charge offensive de 3 265 kg.

Prenant ce modèle pour base, le constructeur développa une version monoplace qui vola quatre ans plus tard. Sa plus importante caractéristique est sa polyvalence car il peut accomplir des missions de reconnaissance photographique, d'interdiction du champ de bataille, d'attaques au sol et de lutte antinavire ; autant d'options qui impliquent l'adoption d'un radar, équipement dont sont dépourvus les avions d'entraînement.

La version mise au point par les Etats-Unis constitue une étape supplémentaire. Le Goshawk, selon la terminologie locale, est fabriquée par McDonnell Douglas et est entrée en service dans les années quatre-vingt dix. Le contrat prévoyait la construction de cent quatre-vingt sept appareils qui présentent des différences avec les versions anglaises, notamment la motorisation assurée par un réacteur à double flux Rolls Royce F405-RR-401.

Tous les modèles que nous avons décrits se caractérisent par une maniabilité exceptionnelle et sa fiabilité dans les manoeuvres acrobatiques extrêmes. Autant de facteurs favorables –surtout pour les dernières versions– à une formation optima des élèves pilotes destinés aux avions de combat ou pour l'accomplissement de missions armées limitées.

Sa configuration ne diffère guère des avions de sa catégorie et elle comprend un cockpit avec les deux pilotes assis en tandem et doté d'une grande verrière qui assure une très bonne visibilité extérieure. Cette verrière en acrylique est remarquable par sa transparence et sa résistance aux chocs puisque elle est capable de résister à l'impact d'un oiseau pesant un kilogramme et percuté à 978 Km/h.

La force aérienne de l'Arabie saoudite est un fervent tenant des productions britanniques comme elle l'a prouvé avec la mise en service du Hawk. Les difficiles conditions climatiques du royaume n'ont pas obéré l'efficience du réacteur léger.

Le Hawk est équipé de sièges éjectables Martin-Baker Mk10LH assistés de fusées ; cet équipement est associé à un cordon explosif de fragmentation intégré dans la verrière et qui la pulvérise quelques millisecondes avant l'éjection pour éviter tout dommage au(x) pilote(s).

Capacité contrastée

La nature de la dernière commande britannique, qui porte sur le modèle Hawk 128 – qui entrera en service à partir de 2008 pour remplacer des modèles comme le vénérable T.1 –, en dit long sur les options du futur. Leur carrière opérationnelle est estimée durer vingt-cinq ans et servira à forger les pilotes des futures générations de chasseurs comme le Typhoon et le JSF (Joint Strike Fighter).

Toutes les séries sont équipées du réacteur à double flux Rolls-Royce Adour, sans dispositif de postcombustion mais qui se caractérise par une bonne accélération et une consommation limitée et qui est plus moderne et plus puissant que les versions précédentes. Une turbine Microturbo complète l'Adour qui fournit l'énergie nécessaire pour la mise en route et est ali-

mentée par deux petites prises d'air implantées de chaque côté de l'habitacle.

Pour bénéficier d'une bonne autonomie, le Hawk est doté d'un réservoir de fuselage de 832 litres et un réservoir alaire de 823 litres auxquels on peut ajouter des réservoirs auxiliaires – de contenance différente – accrochés aux pylônes intérieurs d'intrados. Quelques versions sont munies d'une perche de ravitaillement en vol qui augmente leur autonomie opérationnelle et leur permet de participer à des exercices de rafraîchissement de qualification pour les opérations de ravitaillement aérien.

Concernant l'équipement, qui diffère sensiblement selon les variantes distinctes et les modèles en service dans un ou deux pays, précisons que les avions de la RAF sont équipés d'un gyroscope, équipements de communications UHF et VHF, d'un IFF pour identification ami/ennemi ; récemment, un programme de modernisation a été approuvé et qui concerne l'installation d'un système IN/GPS (Inertial Navigation/Global Position System) qui facilitera les vols nocturnes.

Les versions destinées aux missions d'attaque au sol sont un peu plus sophistiquées dans le domaine de l'électronique. Un détecteur d'alerte radar, un collimateur cathodique tête haute pour visualisation des données de vol et de tir, un désignateur laser, un radar de recherche et de poursuite de cible aérienne ou terrestre, un SMS (Stores Management System) qui gère l'armement adéquat pour chaque mission sont autant d'options.

Pour ce qui est de l'armement, précisons que les différents modèles adaptés à l'attaque au sol sont équipés de trois à cinq points d'attache dont un à la partie centrale du fuselage.

Comme nous l'avons signalé, la capacité d'emport de la charge offensive se situe entre deux et trois tonnes bien que, dans la pratique, il est plus courant d'adopter des configurations de moindre poids pour bénéficier d'un rayon d'action décent ; selon les utilisateurs, l'avion peut emporter un canon en nacelle Aden de 30 mm, des lance-roquettes, des bombes de 113, 227 ou 250 kg ou antipiste, des disperseurs de sous-munitions et jusqu'à des missiles comme le AGM-65 Maverick ou le Sea Eagle bien qu'il soit prévu pour les futures variantes d'employer des bombes "intelligentes" à guidage laser qui se caractérisent par leur appréciable précision et un prix d'achat réduit.

La version Hawk Mk1 équipe plusieurs squadrons de la Royal Air Force. Aux vétérans d'une trentaine d'années de service actif succèdent maintenant des appareils de facture récente.

Les Red Arrows constituent la patrouille acrobatique britannique. Sa renommée est internationale par les figures et les évolutions qui caractérisent ses exhibitions.

Caractéristiques techniques du Hawk série 100

Prix :	19,3 millions de dollars
Dimensions :	
Longueur	11,68 m
Hauteur	4,16 m
Envergure	9,84 m
Superficie alaire	16,69 m²
Surface des volets	2,50 m²
Poids :	
A vide	4.400 Kg
Maximal au décollage	9.100 Kg
Charge maximale offensive	3.265 Kg
Emport carburant interne	1.655 l
Emport carburant externe	1.182 l
Moteur :	1 réacteur à double flux Rolls Royce
Prestations :	
Plafond pratique	13.546 m
Vitesse maxi à haute altitude	Mach 1,2
Course de décollage	640 m
Course d'atterrissage	605 m
Distance franchissable	2.594 Km
Facteurs de charge	+8 / -4 g's

L'ALPHA JET,
LA RÉUSSITE FRANCO-ALLEMANDE

◀ *Les Français comptaient beaucoup sur la promotion des Alpha Jet dans les pays en voie de développement. Hormis l'Egypte, le volume des ventes à l'exportation n'a pas concrétisé les espérances parfois contrariées par la politique anglo-saxonne.*

▶ *Vue de la chaîne de montage en France d'Alpha Jet dans les années soixante-dix. Des ateliers d'assemblage ont été mis en place en Allemagne, en France, en Egypte et en Belgique.*

La nécessité d'encourager la coopération entre diverses industries européennes de défense favorisa la signature d'accords entre sociétés allemandes et françaises pour la conception d'un avion d'entraînement avancé chargé de la formation des pilotes de combat sur lesquels aurait reposé la guerre aérienne dans le cas d'une éventuelle invasion des forces du Bloc communiste

Un avion d'entraînement avancé

C'est à l'occasion du salon de l'aviation au Bourget en 1969 que les maquettes de l'avion d'entraînement P-375, projet conçu par la firme allemande Dornier, et du Br-126, oeuvre de Dassault-Bréguet furent présentées. Après étude de chaque proposition plus celle du Eurotrainer E-650, produit de l'association Nord et MBB, les gouvernements français et allemand décidèrent le 23 juillet 1970 de lancer la fabrication de l'Alpha Jet, fruit du consortium formé par les deux premières sociétés.

Alors qu'à l'origine, les deux armées de l'air fussent d'accord pour un avion d'entraînement, la Luftwaffe annonça qu'elle avait prise la décision d'acquérir un avion d'attaque pour remplacer ses Fiat G-91. Finalement, le contrat pour quatre cents avions –deux cents pour chaque pays– fut signé le 16 février 1972. Les avions d'attaque destinés à l'Allemagne reçurent la désignation Alpha Jet A (pour appui tactique) tandis que ceux qui devaient servir dans l'armée de l'Air reçurent l'appellation Alpha Jet E (pour école). Performance non négligeable, le premier des quatre prototypes vola le 26 octobre 1973, soit trois mois avant la date prévue. Et le 13 septembre de la même année, la Belgique annonçait sa décision d'acheter trente-trois unités.

A partir de 1979, la production mensuelle maximale passa à treize exemplaires par mois. Deux chaînes de montages étaient établies. L'allemande était responsable de la fabrication des ailes et de l'arrière du fuselage. En dehors de la pointe avant et des volets, réalisés par la firme belge SABCA, la cellule dont le fuselage semi-monocoque entièrement métallique était produite en France. À partir de la cellule de base, plusieurs variantes plus élaborées seront mises au point ultérieurement et parmi lesquelles on trouve la MS2 ou NGEA (Nouvelle Génération pour Ecole et Appui) exportée en Egypte et au Cameroun et équipée d'un désignateur à laser, d'un collimateur HUD, d'une centrale inertielle de navigation et capable d'emporter

un large éventail d'armements. L'Alpha Jet 3, version plus récente et construite à un seul prototype, est dotée, entre autres, d'écrans de visualisation multifonction et d'un FLIR (balayage infrarouges par l'avant).

Le modèle ATS (Advanced Training System) représente la dernière phase de l'évolution et est doté de quelques systèmes qui équipent déjà l'intercepteur et avion d'appui Rafale. Bien qu'aucune vente ne se soit concrétisée, l'ATS valorise la position déjà élogieuse de l'Alpha Jet sur le marché mondial et qui équipe les forces aériennes de Côte d'Ivoire, du Maroc, du Nigéria, du Qatar et du Togo sans oublier le Portugal qui a reçu quarante exemplaires cédés par les Allemands en compensation des installations et facilités concédées aux pilotes d'outre-Rhin qui viennent s'y entraîner.

Performances notables

La nécessité d'employer l'Alpha Jet aussi bien comme avion d'entraînement que comme avion d'appui tactique influença la conception et le développement de l'appareil qui se devait offrir des performances supérieures à celles de ses concurrents. Le système de propulsion se compose de deux réacteurs à double flux du type Larzac 04-C6 équipés d'un système de contrôle hydromécanique assisté par un calculateur et qui développent une poussée totale de 2 700 kg.

Cette puissance lui permet d'atteindre, en piqué léger, une vitesse proche de Mach 1 et lui confère une remarquable maniabilité dans les manoeuvres serrées ou d'enveloppement. pour certains, deux réacteurs procurent une sécurité supérieure dans le cas d'une panne de l'un des propulseurs et facilitant aussi l'inévitable simulation d'incident de vol qui émaille le cursus de formation de chaque pilote qui est confronté à un avion à réaction.

Chaque réacteur est alimenté par une prise d'air montée très bas sur chaque flanc du fuselage. Un système de dégivrage empêche la formation de glace et permet l'aspiration de 28 kg d'air par seconde, caractéristique qui influe sur les performances des réacteurs qui maintiennent un régime ascensionnel de 3 360 mètres par minute, l'un des plus élevés pour un avion de cette catégorie.

De plus, sa grande flexibilité opérationnelle lui permet de couvrir toutes les étapes du rude apprentissage de la formation d'un pilote de combat. Élève et instructeur sont assis en tandem ; la verrière leur offre une très bonne vue extérieure ; les commandes de vol permettent un pilotage facile et sûr et le train d'atterrissage est si résistant que l'avion opère sans peine depuis des pistes sommaires.

Les avions allemands, identifiables au premier coup d'oeil par leur nez plus effilé, sont équipés d'une avionique plus avancée et conforme à leur rôle d'appui tactique. Dans cette configuration, l'Alpha Jet de la Luftwaffe est monoplace. Le pilote dispose d'un collimateur cathodique à tête haute qui facilite grandement la visée ; il bénéficie également d'un détecteur d'alerte radar Electronica ELT/156, d'un indicateur d'assiette et de cap Lear Sieger LSI 6000E, d'un Doppler de navigation Litelf LDN et d'un calculateur de navigation LR-1416.

Pour leur part, les appareils français, parmi d'autres différences, sont dépourvus de la crosse de freinage qui équipe leurs homologues allemands mais dotés du TACAN AN/ARN-52, d'un gyrodirectionnel, d'un collimateur de tir Thomson-CSF-902 et du système d'approche VOR/ILS.

La version allemande d'appui rapproché emporte un canon Mauser de 27 mm en nacelle sous fuselage et qui se distingue par sa cadence de tir élevée ; deux pylônes d'intrados pour chaque aile permettent d'accrocher jusqu'à 2,5 tonnes d'armement,

La capacité d'attaque du modèle illustré dans ces pages est significative. D'ailleurs, des marchés à l'exportation se sont concrétisés grâce à l'emphase mise sur cette capacité davantage que sur ses qualités d'avion d'entraînement pourtant grandes.

La formation la plus usitée est la paire ou la patrouille double car elle valorise l'entraînement individuel en suscitant l'émulation tout en permettant des manoeuvres en formation plus ou moins amples.

depuis des bombes à fragmentation au missile antinavire Aérospatiale AM.39 Exocet – cette dernière solution est adoptée pour la version d'attaque antinavire égyptienne.

Quelques versions peuvent recevoir des réservoirs auxiliaires d'une capacité de 310, 450 ou 625 litres qui augmentent substantiellement le rayon d'action surtout lors de convoyage ou de transfert et l'autonomie pour les patrouilles sur zones. Cet avion restera en service jusque dans les années 2010 bien que le nombre en activité soit inférieur à celui de la production initiale car aucune commande n'a compensé les inévitables pertes pourtant minces. D'ores et déjà, il faut prévoir son remplaçant.

Pour en terminer, il convient de citer la patrouille de France, l'une des plus renommée du monde et qui s'est produite en Asie, aux Etats-Unis, au Moyen-Orient et dont la qualité de ses exhibitions a contribué au développement des ventes. La PAF fit sa première apparition publique sur Alpha Jet – arborant une superbe livrée bleu, blanc, rouge –, en mai 1981.

Caractéristiques Techniques Alpha Jet

Prix :	12 millions de dollars
Dimensions :	
Longueur	13,23 m
Hauteur	4,19 m
Envergure	9,11 m
Superficie alaire	17,50 m²
Poids :	
A vide	3.515 Kg
Maximal au décollage	8.000 Kg
Charge maximale externe	2.500 Kg
Emport carburant	2.030 l
Moteur :	deux réacteurs à double flux SNECMA/ Turboméca Larzac 04-C6 d'une poussée unitaire de 1 350 kg.
Prestations :	
Plafond pratique	14.630 m
Vitesse maximale	917 Km/h
Course de décollage	370 m
Distance franchissable	4.000 Km
Facteurs de charge	+12 / -6,4 g's

LES AVIONS À RÉACTION
D'ENTRAÎNEMENT

◀ *Le MiG-AT est un challenger qui retient l'attention de par son origine russe prestigieuse et les technologies et innovations dont il est doté.*

▶ *La configuration des cockpits des avions d'entraînement ne cesse d'évoluer au point au point d'offrir une grande similarité avec celle des avions de combat de la dernière génération. Ici, il s'agit du MAKO.*

La formation des futurs pilotes de combat demande à chaque fois des moyens plus modernes et des capacités qui faciliteront leur adaptation aux conditions réelles auxquelles ils seront soumis lors de leurs déploiements opérationnels. Pour ce faire, ces dernières années ont vu une vaste rénovation des différents modèles d'avions légers d'entraînement et qui offrent de nouvelles perspectives propres à satisfaire l'utilisateur potentiel dont la demande de vecteurs modernes est exponentielle.

Les modèles qui sont actuellement offerts sur le marché international appartiennent à deux grandes familles : ceux plus anciens qui ont été optimisés et ceux dont la cellule de base a donné lieu à une version nouvelle génération. De plus, pour rencontrer un succès commercial, tous ces modèles doivent offrir des prestations complémentaires proportionnelles à leur potentiel investi dans des missions réelles.

Succès à l'italienne

Le succès commercial de l'avion d'entraînement MB-326, dont plus de huit cents exemplaires ont été construits à partir du début des années soixante jusqu'au milieu des années soixante-dix et mis en service en Argentine, en Australie, au Brésil, au Ghana, en Italie, au Paraguay, en Afrique du Sud, au Togo, en Tunisie, au Zaïre et en Zambie, revient à la société italienne Aermacchi qui a conçu ce biplace avancé d'entraînement remarquable de polyvalence.

Son successeur, le MB-339, dont les premiers exemplaires commencèrent à être livrés en 1979, était un appareil aux brillantes performances et que les Argentins lancèrent au combat durant la guerre des Malouines en 1982 après les avoir seulement reçus un an auparavant. Quelques pays se portèrent acquéreurs et les ventes de ce modèle prépara l'avènement d'une version monoplace destinée à l'appui tactique, le MB-339C ; le MB-339CD sortit des chaînes de fabrication à l'intention des Italiens, des Néo-Zélandais et des Erythréens ; la lignée s'acheva avec le moderne FD qui est doté d'écrans de visualisation numériques de la dernière génération.

Ce succès à l'étranger amena les responsables d'Aermacchi à travailler sur un projet encore plus ambitieux que les précédents et pour le développement duquel la firme russe Yakovlev est associée dès le début. Il en résulte le M-346, qui fit son premier vol fin 2003 et dont les premières livraisons devraient intervenir en 2007 car, à ce jour, aucune commande ferme ne s'est concrétisée et qui aurait pu accréditer cette date.

En plus de l'armée de l'air italienne, traditionnelle cliente d'Aermacchi, des contrats sont espérés de pays d'Amérique du Sud et du Moyen-Orient bien que le marché international soit difficile et la concurrence très compétitive.

Les responsables de l'avionneur tablent sur les caractéristiques du modèle pour promouvoir les ventes : biréacteur propulsé par des réacteurs à double flux F124-GA-100 ; biplace adapté pour l'entraînement et l'attaque ; avionique basée sur la numérisation ; commandes de vol HOTAS (Hands On Throttle And Stick) et un cockpit conçu pour un usage nocturne.

L'offre russe

En attendant les ventes du M-346, les techniciens russes de Yakovlev ont poursuivi l'impulsion donnée par leur collaboration avec les Italiens pour mettre au point le Yak-130 à l'avionique différente du précédent. Il se caractérise par une configuration, dans laquelle les ailes présentent une large surface et les entrées d'air des réacteurs sont montées en position basse, qui bénéficie d'un aérodynamisme très favorable dans toutes les enveloppes de vol.

La vitesse maximale se situe approximativement vers 1 000 Km/h que lui insufflent les deux réacteurs AI-222-25 et la légèreté de l'avion qui ne pèse que 6 200 kg au décollage. En plus d'autres aspects, ces caractéristiques valent au Yak-130 d'avoir été sélectionné, en avril 2002, pour doter les formations russes d'entraînement et de transformation. Son entrée en service est prévue pour 2005 sitôt achevé le programme d'homologation de ses performances.

Avec un parfait contrôle, l'avion peut adopter un angle d'attaque de 42° et est capable d'encaisser des manoeuvres jusqu'à + 8G, rivalisant ainsi avec les performances des avions d'attaque les plus modernes. Pour faciliter la transition sur ce modèle, ce dernier est équipé d'un moderne système de

contrôle de vol et d'une configuration très actuelle. Il est capable de servir comme avion d'appui tactique et sa capacité d'emport est de trois tonnes de missiles, de bombes et autres artefacts air-air et air-sol.
Le MiG-AT représente une seconde offre russe. Cet avion d'entraînement est apparu au début des années quatre-vingt pour répondre à un programme des forces aériennes soviétiques mais pour lequel il ne fut pas sélectionné. Ce biréacteur bénéficie de la possibilité d'être fourni avec deux propulseurs différents, soit le Soyouz Rd-1700 ou le Larzac 04-R20. Cette dernière option résulte d'un accord signé en 1992 avec les Français de SNECMA/Turboméca.
Sa longueur fait un peu plus de dix mètres et son poids maximal au décollage est de sept tonnes. Il emporte une charge maximale de deux mille kilogrammes d'armes réparties sous la voilure et sous le fuselage. Ses ailes basses et deux entrées d'air latérales forment une de ses particularités par rapport à d'autres options ; grâce à elles, il atteint la vitesse maximale de 850 Km/h et témoigne d'une bonne maniabilité qu'il a démontrée lors de présentations en vol au cours de nombreux salons internationaux.

Emergence de marchés

L'apparition des nouveaux modèles d'avions d'entraînement léger à réaction s'explique par la nécessité de moderniser quelques-uns des avions en service depuis parfois des dizaines d'années et d'adopter les nouveaux concepts de service actif et de maintenance moins contraignants sur le plan budgétaire. Un avion réunit ces qualités, le MAKO, produit du consortium européen EADS qui a travaillé sur des spécifications initiales d'Allemagne et des Emirats Arabes Unis.
Le résultat de ces efforts communs, car plusieurs sociétés du continent se sont investies dans le projet, est un avion compact. Contrairement à celle de n'importe quel autre avion, la verrière peut s'ouvrir aussi bien vers l'avant que vers l'arrière. Pour amortir le prix d'achat et offrir un potentiel additionnel, la propulsion repose sur un unique réacteur à double flux GE414M, une variante de celui qui équipe le F-18 Hornet.
Un autre aspect qu'il faut signaler est le système quadruple digitalisé de contrôle de vol dérivé de celui dont est doté le modèle expérimental X-31. Les matériaux utilisés pour sa construction incorporent certaines technologies de furtivité ; c'est ainsi que, à quarante-quatre kilomètres, il présente sur un écran radar une section de seulement un mètre carré.
L'installation d'un radar est en option. Tous ces détails, plus sa capacité d'emport d'une charge maximale de 4,5 tonnes, classent l'appareil parmi les avions d'attaque légers. Son développement, dans lequel des pays comme l'Espagne et la France sont intéressés, pourrait déboucher sur un modèle unifié propre à servir au sein de plusieurs armées de l'air européennes. La phase de définition devrait s'achever en 2005 et le premier vol prévu pour 2009 ; son futur n'est que conjecture.

Le MB-339 est un avion italien qui a su décrocher quelques commandes grâce à ses performances et son prix. Le modèle actuellement en voie de promotion est une évolution de ce classique.

Les Aermacchi sont les avions standard d'entraînement des forces aériennes italienne et néo-zélandaise. Pour la Royal New Zealand Air Force, le choix n'a pas été judicieux en raison de nombreux problèmes rencontrés dans la maintenance du MB-339.

Caractéristiques techniques du MB-339FD

Prix :	10 millons de dollars
Dimensions :	
Longueur	11,24 m
Hauteur	3,90 m
Envergure	11,22 m
Superficie alaire	19,30 m²
Surface des volets	2,21 m²
Poids :	
A vide	3.414 Kg
Maximal au décollage	6.350 Kg
Charge maximale offensive	1.815 Kg
Emport carburant interne	1.871 l
Emport carburant externe	660 l
Moteur :	un réacteur à double flux Rolls-Royce 680 d'une poussée de 1 996 kg
Prestations :	
Plafond de service	14.020 m
Vitesse maximale	920 Km/h ou 0,8 Mach
Course de décollage	550 m
Distance franchissable	2.038 Km
Facteurs de charge	+7,33 / -4 g's

Celui du T-50 Golden Eagle, mis au point par les Coréens du sud aidés par l'avionneur américain Lockheed Martin, est plus limpide. Ce projet, duquel est dérivé la version d'attaque désignée LIFT, vient de faire l'objet d'une commande pour vingt-cinq exemplaires qui seront livrés avant 2010.

L'action de son constructeur se concentre sur l'obtention de nouvelles commandes et s'exerce auprès des actuels utilisateurs du T-38 Talon, réacteur biplace d'entraînement qui est en service depuis le début des années soixante. L'impact coréen sur le marché risque de se tempérer si les utilisateurs préfèrent moderniser le T-38 aux standards du I-38C comme vient de le faire l'U.S. Air Force et qui le maintiendra en service jusqu'en 2020 ; le changement concerne le poste de pilotage –maintenant complètement numérisé– et le propulseur, ce qui a entraîné la modification partielle des entrées d'air latérales en avant des ailes.

Tous ces modèles et d'autres moins représentatifs configurent le futur standard des avions d'entraînement à réaction, appareils indispensables pour garantir une formation et une transformation de qualité des nouvelles générations de pilotes de combat.

AWACS,
LES RADARS VOLANTS

◀ L'évolution la plus récente des systèmes aéroportés de détection aérienne se concrétise par celui mis au point par Boeing pour le compte du gouvernement australien.

▶ Le programme australien Wedgetail porte sur l'acquisition d'un nouvel avion AEW qui se distingue par son antenne fixe sur la partie supérieure du fuselage et non rotative comme sur les modèles précédents.

Le concept AEW (Airborne Early Warning) définit un avion pourvu d'équipements électroniques qui lui permettent de détecter des aéronefs dans un rayon généralement éloigné et qui sont connectés à un radar rotatif sous carénage au-dessus du fuselage ou à une antenne plane.

Le concept AEW (Airborne Early Warning) définit un avion pourvu d'équipements électroniques qui lui permettent de détecter des aéronefs dans un rayon généralement éloigné et qui sont connectés à un radar rotatif sous carénage au-dessus du fuselage ou à une antenne plane.

Ces avions, que seules les nations prospères peuvent se permettre d'incorporer dans leur potentiel aérien, s'appuient sur des radars très performants capables de détecter le moindre objet volant qui pénètre son périmètre de recherche.

Chaque pulsion électromagnétique émise par le radar de recherche et qui rencontre une source métallique – que ce soit un aéronef ou un missile – répercute l'écho réfléchi par cet objet qui apparaît comme un spot sur l'écran de l'opérateur qui peut ainsi situer la position de l'objet volant. Il s'ensuit une analyse plus détaillée grâce à un dispositif automatique d'identification qui permet de déterminer s'il s'agit d'un ami ou d'un hostile et d'agir en conséquence.

Les actuels Awacs sont dérivés de modèles qui volent depuis parfois des dizaines d'années et qui s'acquittent de leur mission de surveillance de l'espace aérien avec plus ou moins d'efficience. Ce type d'avions a été conçu

pour parer la menace croissante d'une frappe surprise dans les années soixante-dix ; une fois en vol, ces avions, difficilement localisables –et a fortiori approchables– par l'ennemi, offrent une impressionnante capacité de neutralisation de la-dite menace à condition d'être combinés à un système de défense de l'espace aérien adéquat.

Contexte naval

Les premières expériences d'installation d'un radar à bord d'un avion afin de balayer l'espace environnant et de détecter depuis les airs d'autres avions remontent au début des années quarante. Il faudra néanmoins attendre dix ans de plus pour atteindre une certaine fiabilité.

Le plus ancien, mais toujours en service, est le petit bimoteur E-2 Hawkeye, à l'indéniable succès à l'exportation puisque on le trouve en service en Israël –qui en a cédé quelques exemplaires au Mexique–, au Japon, en Egypte, à Singapour, à Taiwan et en France. Hormis les avions pour l'U.S. Navy, les Français sont les seuls à embarquer leurs Hawkeye, en l'occurrence sur le porte-avions Charles de Gaulle. Son standard actuel est le E-2C avec sa variante modernisée Hawkeye 2000, destiné à être déployé aussi bien de bases terrestres que du pont d'un porte-avions dont la version CEC (Cooperative Engagement Capability) lui permet d'opérer conjointement avec des bâtiments de surface pour garantir une défense sur zone contre la menace de missiles balistiques.

Technologiquement parlant, les Awacs se distinguent par l'énorme radôme en surplomb du fuselage et qui abrite les antennes radar. Dès qu'il est activé, ce radôme effectue des révolutions complètes. La version la plus récente, présentée en 1997, est équipée du radar Lockheed Martin AN/APS-145 capable de détecter, d'identifier et de suivre deux mille contacts situés à plus de cinq cents kilomètres et qui donne aux opérateurs volants toutes les informations concernant la route, la vitesse, l'altitude et l'identification IFF des échos.

Son équipage comprend cinq hommes dont deux pilotes. Le mode opérationnel de la version embarquée amène l'avion à 320 kilomètres du porte-avions pour observer une orbite constante à 9 000 mètres d'altitude d'où il détecte les mouvements aériens et dont il transmet les coordonnées aux bâtiments d'escorte ou aux patrouilles aériennes de combat.

Une efficience maximale

De tous les Awacs (Airborne Warning And Control System), celui le plus performant et

▼ *Ce NC-130N extrapolé d'un C-130 Hercules modifié pour recevoir un radar rotatif sur le fuselage constitue un cas atypique d'avion Awacs.*

le plus utilisé est incarné par le Boeing E-3 Sentry. Ses utilisateurs, mis à part l'U.S. Air Force sont le Royaume-Uni, la France, l'Arabie Saoudite et l'Organisation du Traité de l'Atlantique Nord (OTAN) qui possède sa propre flotte de dix-sept appareils qui assurent la sécurité collective des signataires du Pacte Atlantique. Extrapolé du précédent mais agencé différemment, le Boeing 767-200ER est en service au Japon qui a reçu un des plus récents modèle de ce radar volant.

Sans être un bijou de haute technologie, le Sentry présente beaucoup d'aspects positifs. Il a été la pièce maîtresse des récentes actions militaires qui ont eu lieu en Serbie et en Irak en faisant fonction de contrôle des mouvements aériens amis comme de la détection de la moindre réaction adverse. La capacité de son radar lui permet d'explorer une zone d'un rayon de quatre cents kilomètres, aussi bien sur mer qu'en survol du sol terrestre et du niveau zéro jusqu'à la stratosphère.

Depuis les trente ans de sa mise en service – les essais d'évaluations débutèrent en 1975 et les premiers exemplaires furent remis aux formations aériennes deux ans plus tard – le modèle d'origine a évolué par le biais de diverses modifications et modernisations. Le E-3A est le premier de la lignée, suivi des versions postérieures B et C tandis que celles destinées aux Britanniques et aux Français recevront respectivement les désignations D et E. Son prix d'achat initial se chiffre à trois cents millions de dollars par unité, montant somptuaire mais les avantages qu'il offrait n'étaient pas négligeables.

Ne serait-ce que par le radar AN/AYP-2-1 pour les premiers exemplaires – modernisé au standard RSIP (Radar System Improvement Program) qui détecte des engins volants à faible signature radar ou des missiles de croisière en vol et ceci, dans un environnement complètement saturé par les contre-mesures électroniques censées obérer ses capacités.

Son équipage se compose de quatre hommes voués au vol – deux pilotes, un navigateur, un mécanicien navigant – et de treize spécialistes

Ce qui attire immanquablement le premier regard sur le Sentry est son énorme rotodôme. Son intérieur abrite les antennes du radar qui détectent et poursuivent des avions ou des missiles en vol.

qui disposent de quatorze consoles SDC et de deux unités auxiliaires de visualisation ADU qui affichent les données gérées par le processeur IBM CC-2. Confinés derrière leurs écrans à tube cathodique, les opérateurs soutiennent les missions de guet aérien, d'identification, de contrôle des armes, de commandement de l'intervention ou les communications.
Son autonomie lui permet de rester en l'air six heures d'affilée après s'être porté à 1 610 Km de sa base. Les derniers exemplaires sont dotés d'une perche de ravitaillement en vol grâce à laquelle il poursuit sa mission de veille aérienne pour une durée totale de onze heures.

Les autres propositions
Les expectatives du marché ont généré d'autres créations, quelques-unes très complexes, d'autres plus sommaires. Parmi les plus modernes figure celle dérivée du projet australien Wedgetail, un système AEW-C avec une antenne fixe installée sur un avion du type Boeing 737-700.
Quatre exemplaires ont été commandés, avec une option pour trois autres dans le futur, en décembre 2000. Selon les prévisions, le premier avion devrait être livré au cours de l'année 2005. Le radar qui équipe l'avion est un Northrop Grumman ESSD du type MESA (Multi-role Electronically Scanned Array) avec une antenne fixe qui réduit les problèmes associés à la giration du radôme pour les exemplaires nobles des principales forces aériennes, et procure une précision meilleure de localisation des objectifs. Son faisceau de

L'Organisation du Traité de l'Atlantique Nord (OTAN) dispose de sa propre flotte d'Awacs pour couvrir ses besoins. Les appareils sont immatriculés au Luxembourg et leurs équipages sont internationaux.

Les impressionnantes performances du E-3 ont été éprouvées au combat. Depuis les attaques du 11 septembre 2001, les Awacs exercent une vigilance serrée de l'espace aérien nord-américain pour détecter la moindre menace.

recherche, travaillant sur la bande L, couvre les 360° à tout moment et intègre le dispositif d'identification dans la même antenne, réduisant d'autant le poids et simplifiant la corrélation des cibles.

Ces avantages, que l'on retrouvera dans les futurs développements, ont amené les Turcs à sélectionner cette configuration offerte par Boeing. Cette acquisition de quatre avions représente un investissement de mille millions de dollars. La première livraison devrait intervenir en 2006 mais des compressions budgétaires en Turquie pourraient retarder voire compromettre le processus.

Le projet qui s'est matérialisé concerne l'Argus, un AEW-C mis au point par les Suédois et installé sur un bimoteur à hélice Saab 340B de petite taille. Son principal avantage repose sur l'antenne du radar Erieye, fabriquée par Ericson Microwave Systems. Cette antenne plane est fixée sur la partie supérieure du fuselage avec un balayage de 160° de chaque côté. Sa résolution lui permet de localiser des objets en vol ou en surface jusqu'à une distance de 300 à 400 kilomètres.

Ces performances intéressantes doublées d'un prix qui ne l'est pas moins lui vaut d'avoir été commandé en six exemplaires par la force aérienne suédoise, quatre pour la Grèce – montés sur des avions Embraer RJ-145 – et d'autres pour le Brésil, pays qui les utilisent pour la surveillance de l'Amazonie.

Le système israélien Phalcon, plus complexe que le précédent, a fait récemment la une de la presse quotidienne à l'annonce de la vente de trois jeux à l'Inde – qui seront montés sur des Iliouchine Il-76 – et, semble-t-il, également à la Chine. Ce système est fabriqué en Israël par Elta et un exemplaire a été fourni au Chili en 1995. En raison de la chape du secret qui entoure la chose militaire en Israël, on ignore à peu près tout des équipements qui compo-

OK
USAF
U.S. AIR FORCE

Le Hawkeye 2000 est le dernier aboutissement de l'Awacs naval américain. Parmi les détails qui le caractérisent, citons le nombre élevé de pales de ses nouveaux moteurs.

À l'intérieur de la cabine du Sentry, les opérateurs s'affairent derrière les quatorze consoles SDC pour analyser les données qu'elles affichent.

sent le système ainsi que leurs performances. Ce que l'on peut dire est que deux ensembles ont été installés sur des cellules de Boeing 767 de l'armée de l'air israélienne.

La particularité la plus visible du Phalcon est son radar du type ESA avec une antenne plane fixée sur les flancs du fuselage et une autre implantée sur le devant de l'appareil.

Les Soviétiques d'abord puis, maintenant, les Russes n'ont pas négligé ces équipements. La première apparition fut remarquée sur un Toupolev Tu-126 Moss et qui comprenait une antenne sous rotodôme sur le fuselage mais le plus récent est le système A-50 Mainstay fixé sur un avion de transport Beriev. De ce dernier a été mise au point la version A-50U dont seize unités montées avec le radar Schmel M ont été fabriquées et qui est capable de poursuivre une cinquantaine d'objectifs simultanément. Un modèle très similaire fut adopté par les Irakiens au début des années 90. Modifiés localement par les Irakiens eux-mêmes qui le désignèrent Adnan 1, on ignore son mode opérationnel et ses capacités réelles.

Pour terminer, signalons qu'il existe aussi un système AEW plus léger qui peut être mis en oeuvre sur un hélicoptère SH-3 Sea King préalablement modifié. Il est basé sur un radar Searchwater et mis en service depuis 1979 en Grande-Bretagne qui l'a utilisé lors de la guerre des Malouines et en Irak en 2003 où deux de ces hélicoptères – équipés de la version Searchwater 2000 du radar– entrèrent en collision et furent totalement détruits. L'Espagne a réceptionné trois exemplaires qui forment le réseau de surveillance aérienne qui se déploie en avant du groupe naval articulé autour du porte-avions Principe de Asturias.

Le radar du E-3 assure la surveillance d'un secteur de quatre cents kilomètres de rayon, ce qui donne une idée de sa capacité à gérer la veille aérienne de larges étendues.

Caractéristiques Techniques E-2C HAWKEYE

Prix :	200 millions de dollars
Dimensions :	
Longueur	24,56 m
Hauteur	5,58 m
Envergure	17,60 m
Superficie alaire	65,03 m^2
Surface des volets	11,03 m^2
Diamètre du rotodôme	7,32 m^2
Poids :	
A vide	18.364 Kg
Maximal au décollage	24.689 Kg
Capacité de carburant interne	7.000 l
Moteurs :	Deux turbopropulseurs Allison T56-A-427 avec une puissance unitaire de 5.100 CV
Prestations :	
Plafond de service	11.278 m
Vitesse maximale	626 Km/h
Vitesse de croisière	480 Km/h
Course de décollage	564 m
Temps de survol à 320 Km de la base	4 heures
Distance franchissable en convoyage	2.854 Km

LE JOINT STARS
VEILLE ET POURSUITE DES OBJECTIFS

L'intervention en Afghanistan et les deux conflits en Irak ainsi que les actions offensives sur la Bosnie-Herzégovine de 1996 sont autant de scénarios dans lesquels ont été impliqués les avions E-8C Joint Stars de l'U.S. Air Force.

Il s'agit d'appareils commerciaux spécialement modifiés et dotés de capteurs capables de détecter tout ce qui a prit l'air et dont les mouvements ne peuvent leur échapper même sous le couvert de la nuit.

Un lent développement

Au début des années soixante-dix, les opérations au Vietnam démontraient la difficulté à suivre les mouvements de l'ennemi, particulièrement quand ses forces terrestres se déplaçaient de nuit ou sous le couvert végétal de la jungle.

Au début des années quatre-vingt, ce problème vint s'ajouter à ceux concernés par le programme conjoint de l'U.S. Air Force et de l'U.S. Army. Les deux armes voulaient le développement d'un système radar de recherche et de poursuite d'objectifs et qui fut désigné sous le sigle J-STARS (Joint Surveillance and Target Attack Radar System). Selon les spécifications de base, ce système devait être capable de détecter, de localiser, d'identifier, de classifier et de poursuivre tous éléments ennemis se déplaçant à terre, sous n'importe quelles conditions atmosphériques et à une distance de sécurité qui plaçait son vecteur à l'abri de la réaction antiaérienne. Plusieurs projets émanant d'industries spécialisées furent étudiés mais rien n'en sorti avant 1985, date de la sélection de l'offre proposée par Grumman Melbourne System Division pour son système d'abord désigné EC-18C et qui deviendra le E-8A.

Le vecteur aérien sélectionné comme plateforme pour l'emport des capteurs et équipements électroniques fut le Boeing 707-300, similaire à la cellule des avions d'alerte aérienne Awacs. Parallèlement, Motorola achevait la mise au point d'une série de stations terrestres modulaires du type GSM

◀ *La USAF a déjà reçu 18 E-8C et il est prévu qu'elle en incorpore d'autres. À moyen terme, elle les complètera d'un design plus moderne et polyvalent.*

▶ *Disposition intérieure des systèmes et équipements de surveillance d'un Joint Stars. C'est à ces moyens que l'avion doit sa complexité et ce sont eux qui justifient son prix.*

▼ *Détail des écrans et consoles du Joint Stars. Les informations sont gérées et transmises dans le cadre d'un protocole d'échanges au profit d'autres avions et PC et stations terrestres.*

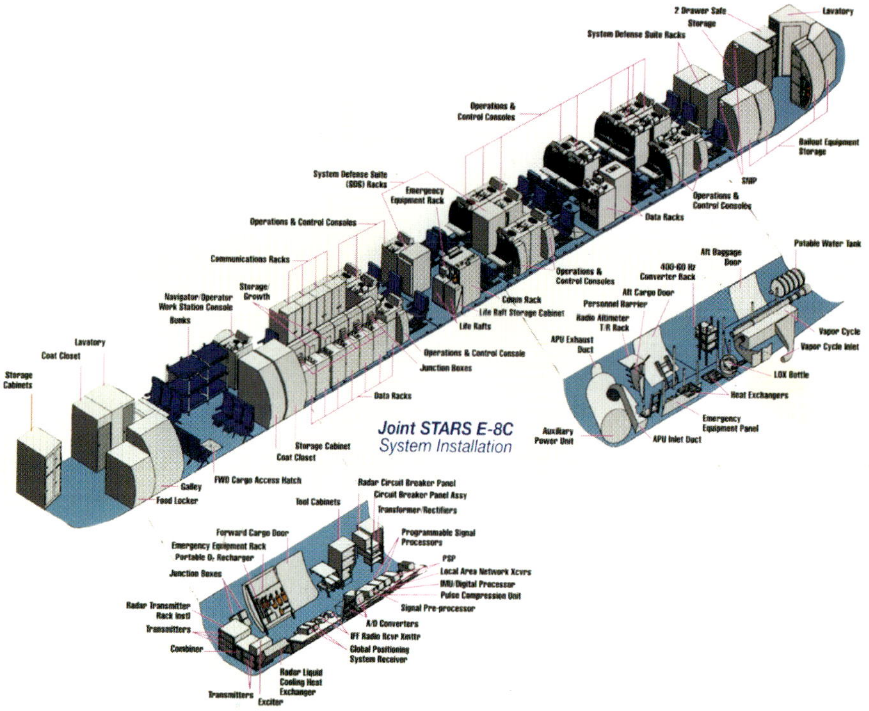

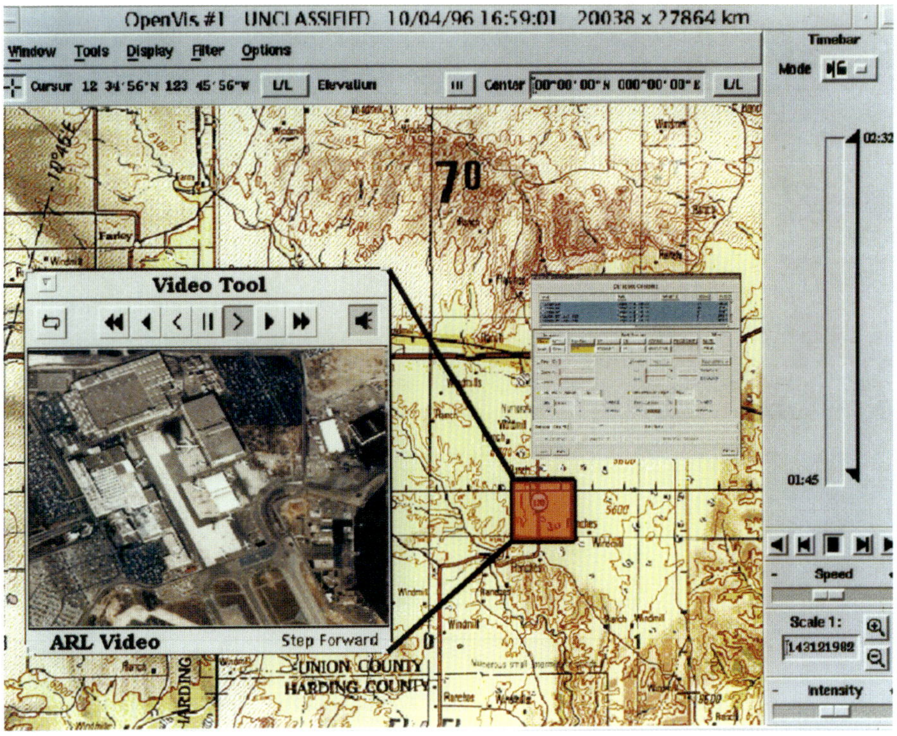

(Ground Station Modules) qui avaient fait l'objet d'un développement antérieur.

La modification du premier prototype, à partir de la cellule d'un avion commercial, commença en juillet 1987 et celle de la seconde unité fut entamée en octobre 1988. On procéda aux premiers essais en vol le 22 décembre de la même année.

Les perspectives de ventes portaient sur vingt-deux avions et une centaine de stations terrestres ce qui stimula les constructeurs à accélérer les essais. Du coup, il fut décidé que deux prototypes seraient affectés à la zone du golfe Persique pour participer à l'opération Tempête du désert. Et il faut reconnaître que grâce à la participation des techniciens et personnels civils des sociétés impliquées dans le programme, les résultats furent excellents au point d'amener subito presto l'incorporation du E-8A dans le parc aérien américain.

Au cours de ces missions d'une durée de quatorze heures sans discontinuer par équipages, lesquels opéraient par rotation et récupéraient en vol la fatigue physique et le stress inhérents à la catégorie de la mission, les avions firent merveille en localisant les batteries d'artillerie irakiennes ainsi que les redoutés lanceurs de missiles sol-sol Scud.

Contrat en cours

Les résultats obtenus de facto sur le front débouchèrent sur un contrat initial passé le 24 avril 1992 pour une production en série et qui sera révisé en mai 1993. Tout cela se concrétisa par la construction de six avions de série en plus des trois prototypes déjà réalisés, chiffre qui inclut une variante améliorée – désignée E-8C – commandée en novembre 1990. Cette version a été mise en service à partir de 1996 et les exemplaires

▼ *À l'intérieur de la cabine, les opérateurs analysent les données transmises par les capteurs sur leurs consoles. Leur équipement est capable de détecter des véhicules en mouvement et de déterminer s'il s'agit d'engins sur roues ou chenillés.*

▶ *La base aérienne de Robins, en Géorgie, accueille le 116th Air Control Wing responsable de ce système de surveillance aéroporté. Ses hommes sont des spécialistes hautement qualifiés dont la compétence est régulièrement éprouvée y compris au sein de l'unité.*

remis au 116th Air Control Wing basé à Robins AFB, en Géorgie. Au moment où ces lignes sont écrites, cette escadre déploie seize avions et dont l'effectif devrait s'étoffer de quelques appareils supplémentaires dans les premiers mois de 2005. À long terme, car leur carrière opérationnelle durera jusqu'en 2025, ces avions seront progressivement remplacés par le E-10 qui est prévu de disposer des capacités du E-8 conjuguées à celles de l'Awacs et des appareils destinés au commandement et au contrôle.

En attendant que se concrétise le nouveau modèle, le E-8C constitue un pilier fondamental de la force aérienne américaine. La version actuelle est celle du Block 20. Son radôme de douze mètres, installé sous le fuselage avant, abrite un radar émet un faisceau orientable sur 120° qui balaye en peu de temps une superficie de 50 000 kilomètres carrés ; il détecte des objets distants de deux cent cinquante kilomètres, ce qui est révélateur de ses performances qui, à ce jour, sont inégalées.

Son cerveau n'est autre qu'un radar multimode Westinghouse Norden AN/APY-3 du type SLAR (Side Looking Phased Array Radar). Opérant sur bande I, il englobe un système de recherche électronique associé à une série de processeurs et à des calculateurs performants qui gèrent les données reçues pour les afficher sur dix-huit consoles Raytheon modèle AXP-300/500.

Les opérateurs de ces consoles en temps réel et sous forme cryptée les informations à d'autres avions, aux stations terrestres et/ou aux centres C41 (Command, Control, Communications, Computers and Intelligence).

De cette façon, avec une capacité encore impensable il y a quelques années, les utilisateurs connaissent avec le maximum de détails les mouvements de l'adversaire et les déplacements de ses colonnes ce qui

leur permet de planifier avec exactitude les opérations appropriées de neutralisation.
L'équipage du Joint Stars se compose de vingt et une personnes –trois pilotes et dix-huit opérateurs– mais pour les missions de longue durée, il peut embarquer trente-quatre personnels qui disposent de six couchettes de détente. Volant à une altitude de dix mille mètres, il peut survoler en huit heures une superficie d'un million de kilomètres carrés, c'est à dire près de deux fois la péninsule ibérique.
La capacité de d'identification permet de distinguer les véhicules à roues des engins mécanisés ou de déterminer s'il s'agit d'hélicoptères volant à basse altitude. Un mode spécial permet de concentrer le faisceau radar sur une zone plus petite pour obtenir des prestations beaucoup plus affinées.

Caractéristiques techniques Joint Stars

Prix :	244,4 millions en dollars
Dimensions :	
Longueur	46,61 m
Hauteur	12,95 m
Envergure	44,42 m
Poids :	
A vide	77.564 Kg
Maximal au décollage	152.407 Kg
Carburant interne	87.565 l
Moteurs :	4 réacteurs double flux Pratt & Whitney JT3D-3B d'une poussée unitaire de 8 500 kg
Prestations :	
Plafond de service	12.802 m
Vitesse maximale	0,8 Mach
Autonomie	11 heures maxi ou jusqu'à 20 heures avec des ravitaillements en vol
Distance franchissable	9.000 Km
Capacité	couvre un million de Km² en 8 h de vol

LES SYSTÈMES AÉRIENS
AUTONOMES

▲ La société européenne EADS a également procédé à l'évaluation de divers concepts. L'un des plus intéressants est l'Orka 1200, appareil à décollage vertical et doté d'un capteur optronique et d'un radar.

▶ Les Israéliens jouissent d'une solide tradition dans la fabrication et la diffusion des drones. L'une de leurs dernières réalisations est le Hermes 180. Cet aéronef est spécialement conçu pour la lutte anti-terroriste.

La disponibilité des technologies avancées et le désir des militaires de disposer d'un outil capable de remplir des missions déterminées sans risquer de vies humaines, parmi d'autres considérations, ont favorisé l'émergence d'une nouvelle famille d'aéronefs contrôlés à distance ou qui sont capables de travailler en parfaite autarcie.

Ce type d'engins, connu sous le terme générique de drones ou UAV (Unmanned Aerial Vehicule) sont de petits avions sans pilote de dimensions plus ou moins grandes selon le type de mission pour lequel ils sont conçus. Ils sont généralement utilisés pour obtenir de façon économique et efficace des renseignements sur divers objectifs et de transmettre les données captées à des stations de contrôle spécialisées ou à d'autres moyens aériens. De plus, sa mission initiale de surveillance et de reconnaissance s'est transformée au cours des dernières années pour en faire un vecteur offensif capable d'attaquer des objectifs de surface ou de faire fonction de station mobile pour faciliter la transmission d'informations à d'autres moyens.

Emploi généralisé

L'actuelle génération de drones et leurs dérivés "musclés", les UCAV (Unmanned Combat Aerial Vehicule) répond à des nécessités concrètes mais leur réalité a suivi un long stade évolutif. Les premières références de ce type de systèmes remontent aux années cinquante, époque qui vit la mise en service du Teledyne Ryan 24 Firebee ; cet avion robot fut utilisé pour des missions de reconnaissance sur Cuba et des missions de brouillage électronique ainsi que des largages de feuilles de propagande –guerre psychologique oblige– lors de la guerre du Viêtnam.

Le temps aidant, ce sont les Israéliens qui se perfectionnèrent ce type d'engins et qui les développèrent pour obtenir d'eux le maximum de possibilités lors des opérations militaires. L'une des premières applications opérationnelles consista à envoyer plusieurs drones sur les positions syriennes de la vallée de la Beqaa qui était truffée de batteries antiaériennes ; les drones captèrent les fréquences des batteries à conduite de tir par radar et les transmirent à des stations de contrôle. Ces données vitales pour annihiler la menace défensive servirent à sa neutralisation au moyen d'attaques aériennes.

Les drones israéliens furent encore largement utilisés au cours de l'opération Galilée –l'invasion du Liban en 1982– en transmettant en temps réel des informations capitales pour les Israéliens. Pour les autres pays, les Sud-africains furent les premiers à adopter cette technologie et à l'éprouver au combat ; les drones "sud-af", ayant participé aux incursions sur le territoire angolais, étaient dotés de systèmes civils de navigation. C'est à partir de 1991 que les Américains utilisèrent les drones à profusion lors de l'opération Tempête du désert au Koweït ; les résultats furent si probants que les années quatre-vingt-dix furent prolixes en nombreuses réalisations inspirées par les nécessités d'emploi toujours plus exigeantes que conçoivent les armées à leur sujet.

Configuration similaire

Ces moyens peuvent se diviser en deux types : les tactiques et les stratégiques, les premiers déployés dans un espace relative-

Les Américains ont amené le Predator à un stade de développement tel qu'il est devenu un vecteur offensif. On peut apercevoir sous la voilure un missile antichar Hellfire.

ment restreint ou un champ de bataille. Les seconds ont une portée beaucoup plus étendue –jusqu'à un millier de kilomètres– et opèrent de façon relativement autonome non sans suivre un critère de croisière préalablement défini.

Concernant les UAV, précisons que la propulsion est assurée par un moteur ou un réacteur léger mais il en existe dont l'hélice leur permet de décoller à la verticale avant de les propulser horizontalement. La taille dépend de la charge emportée et de l'autonomie souhaitée. Les UAV tactiques sont transportés dans des camions légers et les plus petits, une fois démontés, peuvent tenir dans un havresac.

L'opérateur responsable de son pilotage dispose d'un équipement de contrôle plus ou moins encombrant et le manipule à distance grâce à l'équipement optronique embarqué. La configuration qui tend à se généraliser à installer le centre de coordination et d'exploitation dans un conteneur monté sur camion.

Les systèmes qu'un drone peut emporter vont, pour les plus répandus, des caméras de télévision à vision diurne ou des systèmes optroniques à vision nocturne mais certains sont dotés de radars de recherche et de systèmes de brouillage électronique, d'autres peuvent emporter des missiles antichars comme le Hellfire ; enfin, une version en cours de développement verra le drone équipé d'une charge explosive se diriger avec la précision que lui conférera son capteur optronique sur son objectif qu'il détruira à l'impact.

Une version similaire est également réalisable mais dotée d'un illuminateur laser qui illuminera l'objectif au profit de chasseurs-bombardiers classiques ce qui évitera à ces derniers le risque inhérent de l'approche en environnement hostile.

Le fonctionnement est très simple. A partir du poste de contrôle, le moteur est allumé et l'engin n'a plus qu'à décoller non sans que son système de navigation de la route à emprunter ait été chargé au préalable. Son vol vers l'objectif peut s'effectuer à haute altitude pour éviter sa localisation sonore

Les UAV ont évolué jusqu'au concept de l'UCAV qui implique des avions que les fonctions et le rôle ne distinguent en rien d'un conventionnel appareil, sinon l'absence de pilote ! Le QSP Striker est un de ces produits en cours d'évaluation.

mais également à très basse altitude pour déjouer la vigilance radar ; parmi les nombreuses facettes d'utilisation opérationnelle tant civiles que militaires citons la surveillance de personnes tentant de pénétrer un espace déterminé et l'obtention d'images, souvent d'une bonne résolution, d'installations militaires ou de sites sensibles.

Un modèle pour chaque nécessité

Le système américain RQ-1/MQ-1 Predator est devenu célèbre depuis quelques années. Volant à moyenne altitude et couvrant des missions de longue portée pour saisir des renseignements sur des objectifs particulièrement critiques ou contribuant à localiser des personnes précises ; sa participation à l'intervention alliée en Afghanistan en 2002 a permis de valider sa valeur comme plate-forme de lancement d'armes, en l'occurrence, cent cinquante missiles antichars utilisés avec une précision extrême contre divers objectifs.

Son envergure de 14,80 mètres en dit long sur sa taille et son rayon d'action approche les huit cents kilomètres. Encore plus fort avec le Global Hawk et son envergure de 35,30 mètres et son rayon d'action de quinze mille kilomètres ; c'est ainsi qu'il peut franchir une distance de huit cents kilomètres et rester en patrouille sur zone pendant vingt-quatre heures avant de regagner son point de départ.

Le caractère stratégique de ces deux systèmes, qui ont suscité l'intérêt de plusieurs pays au point de les commander, l'Italie et l'Australie, rivalise avec d'autres modèles moins performants et au prix inférieur. Les Israéliens, notamment avec IAI (Israël Aircraft Industries) et ELTA, proposent des réalisations éprouvées – certaines ont dépassé les huit cent mille heures d'emploi opérationnel – telles que les Searcher, Heron, Harpy et Hunter. Le premier engin est du type tactique ; le deuxième est conçu pour la

Cette illustration synthétise l'évolution des divers concepts de l'UAV, depuis les plus petits jusqu'à ceux de dimensions notables ; les furtifs comme les conventionnels, à décollage vertical ou classique.

Le Desert Hawk, ici entre les mains d'un opérateur de l'U.S. Air Force, se transporte démonté dans une housse et est utilisé lors d'actions militaires très concrètes.

collecte d'informations stratégiques ; le troisième s'autodirige sur un radar pour le détruire et le dernier est auréolé de son succès commercial après avoir été acheté par l'armée de terre américaine.

De son côté, l'U.S. Navy a adopté le RQ-2A Pioneer qui, depuis les dix ans qu'il est en service, accumule d'importants succès opérationnels. Plus complexe et complémentaire au précédent sera le Mariner, un programme basé sur l'extension de la capacité de charge du Predator B pour lui permettre d'emporter mille cinq cent kilogrammes de capteurs et d'armements ; un avantage supplémentaire sera son prix de quatre millions de dollars soit, à peu près, le cinquième de celui d'un Global Hawk.

L'Europe n'est pas en reste. Les Russes ont fait un large usage en Tchétchénie du Pchela-1 doté d'une caméra gyrostabilisée. En Bosnie, les Français ont engagé leurs CL-289 d'origine canadienne mais équipé de systèmes particuliers comme le Hunter ou le Mart, ce dernier testé lors de la guerre du Golfe en 1991.

D'autres pays se sont attachés à mettre au point leurs propres réalisations. Les Espagnols ont développé le SIVA (Système Intégré de Veille Aérienne) et le ALO (Avion Léger d'Observation). Les Allemands ont conçu le Taifun pour appuyer leurs forces terrestres. Les Grecs ont leur NEARCHOS. Les Britanniques disposent du Phoenix et du Sprite sans oublier les Tchèques qui ont leurs propres réalisations comme le SOJKA II/III et pour lequel la Hongrie manifeste de l'intérêt.

Un peu à l'instar de l'informatique, chaque drone ou UCAV qui sort est plus complet et performant que celui qui le précède mais déjà (presque) dépassé par celui qui est encore en voie de développement. Ainsi, le Eagle Eye est un convertible dont la rotation des hélices lui permet de décoller à la verticale et le X-50A Dragonfly capable d'un vol stationnaire.

U.S. AIR FORCE
NORTHROP GRUMMAN
X-47A

GUERRE ÉLECTRONIQUE
ET RECONNAISSANCE

Les sociétés israéliennes témoignent d'une grande expérience dans la modification d'avions pour les doter de divers capteurs qui leur confèrent une capacité de reconnaissance et de guerre électroniques.

Depuis les interventions en Serbie, en Afghanistan et la guerre en Irak, le EA-6B Prowler s'impose comme un instrument vital de la protection électronique au profit des avions d'attaque qu'il accompagne.

Les missions aériennes de combat ont pour principal protagoniste l'avion d'attaque – ou chasseur-bombardier selon la terminologie de la seconde moitié du XXème siècle – mais qui ne peut accomplir les missions qui lui sont assignées sans le concours d'autres avions spécialisés. Parmi ceux-ci, se distinguent les avions de reconnaissance et les avions de guerre électronique, sans compter avec d'autres types.

Les pays qui n'ont pas accès à la technologie satellitaire ont recours, pour l'obtention d'informations sur le terrain, à des avions spécialement équipés pour la reconnaissance, généralement équipés de caméras installées dans le fuselage pour photographier l'objectif avant son attaque et après pour l'évaluation des dommages.

La technologie actuelle permet de recourir à des expédients comme des nacelles accrochées sur des points d'attache sous fuselage ou sous voilure et renfermant des systèmes de prises de vues parfois supérieurs à des caméras embarquées ainsi que des radars à infrarouges qui détectent la moindre variation de température.

Technologies émergentes

La reconnaissance ponctuelle sur zone, qui tendra de plus en plus a être confiée à des drones en raison des risques exponentiels de la défense antiaérienne, a été la raison d'être de plusieurs modèles d'avions auxquels s'ajoutait à leur désignation de base la lettre R pour Reconnaissance. A titre d'exemple, le RF-4 Phantom incarne l'un des plus talentueux avion de cette spécialité. Hormis, bien sûr, les Etats-Unis, il a été déployé par les forces aériennes allemandes, turques et grecques. L'un de ses aspects saillants est le carénage de la partie inférieure de son nez qui abrite des caméras capables de prises de vues de haute définition, appréciée des interprètes des services de renseignements, et captées alors que l'avion reste au-delà du périmètre de sécurité.

Bien que d'une technologie quasiment irréprochable, cette procédure présentait le désavantage du temps ; temps imparti à l'impression de la pellicule au cours de la sortie, temps

imparti au développement, temps imparti à l'interprétation. Pour corriger cette limitation, des équipements comme le RecceLite de la société israélienne Rafael ont été conçus. Ce système a été choisi par l'aviation militaire espagnole pour en doter ses EF-18 chargés de la reconnaissance. La nacelle Litening renferme 70% de la technologie embarquée et incorpore un capteur infrarouges de la dernière génération qui transmet en temps réel les images numérisées à un système crypté data-link aux stations terrestres pour leur interprétation et diffusion si besoin est. D'un concept similaire, le système TARPS (Tactical Airborne Reconnaissance Pod System) qui équipe les F-14 Tomcat de l'U.S. Navy, utilise toutefois des caméras conventionnelles à support argentique. Parmi les autres systèmes de reconnaissance, l'ATARS (Advanced Tactical Air Reconnaissance System) à partir duquel la version réduite TARS a été extrapolée. L'Orpheus, que les Néerlandais ont monté sur leurs F-16 et le TARS (Theater Airborne Reconnaissance System) américain combinent une technologie optronique conjuguée à une caméra Recon Optical d'une résolution de 25 millions de pixels (à titre indicatif, les appareils photo numériques destinés au grand public ont à ce jour –début 2005– une sensibilité de 6 millions de pixels pour les plus performants).

Leurrer l'adversaire

En plus de l'infrastructure afférente à la reconnaissance aérienne, d'autres avions se sont révélés indispensables et qui sont spécialisés dans l'écoute et la neutralisation des émissions ennemies, ce que l'on connaît plus généralement sous le vocable de guerre électronique. L'un de ces avions spécialisés les plus répandus dans l'arsenal nord-américain est le EA-6B Prowler qui a remplacé l'efficace EF-111 Raven. En service dans l'U.S. Navy et les Marines, cette merveille de l'électronique émet un véritable parapluie électronique qui protège les avions qu'il accompagne et localise les installations adverses tout en restant réfractaire aux contre-mesures. Il se sert des émissions radar ennemies pour les brouiller et neutraliser les communications.

Pour ce faire, le EA-6 est équipé de quatre nacelles ALQ-99 TJS (Tactical Jamming System) sous voilure et du système USQ-113 font du Prowler une plate-forme particulièrement efficace pour le brouillage des radars et des communications adverses. Le missile HARM, spécialisé pour la suppression des défenses antiaériennes, constitue son armement principal. La ICAP III (Improved Capability) constitue la version la plus récente et complète le système MIDS (Multifonctional Information Distribution System) qui reçoit et retransmet les données

◀ *L'Atlantique 2 est un avion doté de toute la gamme d'armements conçus pour la neutralisation d'objectifs de surface comme des sous-marins. La portée de ses armes permet à l'appareil de rester dans le périmètre de sécurité.*

▼ *Le U-2 était un avion espion stratosphérique pour laquelle l'envergure de ses ailes était particulièrement adaptée.*

via le Link 16. Cette liaison est un protocole d'échanges qui permet à tous les participants d'un même réseau d'échanger des informations formatées.

Avant la fin de la présente décade, le Growler entrera en service. Il s'agit d'une version du F-18 Super Hornet spécialement conçue pour la guerre électronique. Bardé de moyens électroniques, il volera de conserve avec les appareils qu'il doit protéger. Il est doté des moyens technologiques éprouvés sur le E-6B plus une multitude d'autres nouveautés dont le brouilleur Northrop Grumman ALQ-218 (V)2, emportables sous cinq nacelles sous voilure et sous le fuselage.

En complément à ce modèle d'avion actif, la reconnaissance électronique incombe à des avions spécialisés comme le EP-3E Aries II dont les capteurs recueillent les fréquences radar et celles des communications. Une fois analysées, ces données serviront à la mise au point des systèmes ultérieurs chargés de neutraliser la source en amenant son efficacité au niveau zéro. Ces missions ne sont pas des promenades de santé. Un récent incident international est intervenu lors de l'interception d'un de ces avions espions américains par la chasse chinoise lors d'une mission d'écoute électronique au-dessus de l'espace aérien de la République populaire.

Dans la gamme des appareils espions, citons le RC-135V/W River Joint de l'U.S. Air Force, appareil modifié dont les capteurs détecte, identifient et localisent n'importe quelle émission électromagnétiques. Sa cellule dérive de celle du C-135 mais le nez est modifié pour recevoir les systèmes de la société L-3 Communications et sa cabine aménagée pour permettre à vingt-sept spécialistes du renseignement et de la guerre électronique d'officier.

À LA POURSUITE
D'OBJECTIFS NAVALS

▲ *Les armements disponibles pour armer les avions de patrouille maritime sont multiples et leur sélection dépend de la nature de la menace à neutraliser.*

▶ *L'Atlantique 2 est un avion doté de toute la gamme d'armements conçus pour la neutralisation d'objectifs de surface comme des sous-marins. La portée de ses armes permet à l'appareil de rester dans le périmètre de sécurité.*

La maîtrise des mers exige des moyens spécialisés pour neutraliser les sous-marins en plongée et les bâtiments de surface. Ces moyens disposent de systèmes d'armes spécialement conçus pour répondre à des paramètres précis.

Les sous-marins peuvent être pris à partie par des torpilles à autodirecteur, des mines et des charges de profondeur. Pour l'attaque de bâtiments de surface, on fait appel à des missiles autoguidés pour éviter une, généralement, puissante réaction antiaérienne et enregistrer des impacts tandis que les lanceurs se trouvent transhorizon.

Menace concrète

Les facteurs qui ont contribué à définir l'actuel scénario de guerre navale sont variés. Les évènements politiques survenus ces dernières années ont provoqué un changement de la menace et de la stratégie pour la contrer. Evolution assez récente.

La phase évolutive commence par l'introduction de l'avion basé à terre, bientôt augmenté par l'appareil embarqué sur un porte-avions puis, plus tard, augmenté de l'apport de l'hélicoptère, engin polyvalent et maintenant populaire. Tous sont capables de polyvalence avec un degré d'efficacité certain. A court terme, l'arsenal aérien antinavire se grossira d'engins contrôlés à distance et d'autres qui opéreront de façon encore plus autonome qui évalueront la menace pour mieux la neutraliser.

L'avènement des sous-marins nucléaires –il y a seulement cinquante ans– constitue un autre changement conceptuel. Leur mode de propulsion leur permettait une augmentation drastique de la discrétion qui n'était plus compromise par le schnorkel pour recharger leurs batteries. Bientôt, d'autres systèmes associés aux moteurs classiques provoqueront une mini révolution dans les années suivantes.

Les principaux vecteurs pour contrecarrer les sous-marins sont souvent les avions et les hélicoptères spécialisés dans la guerre anti-sous-marine (ASW pour Anti Submarine Warfare) grâce à leurs équipements embarqués. La diminution des activités de la flotte russe –qui n'est plus considérée comme l'ennemi– a permis d'adopter une philosophie plus étendue au bénéfice d'une gamme élargie de possibilités opérationnelles.

Ce qui ne signifie pas pour autant que la chasse aux sous-marins comme aux navires de surface soit facile pour les aéronefs spécialisés. Pour mener à bien leur mission, ils sont tributaires de leurs capteurs –radars, systèmes optroniques, sonars, bouées acoustiques, magnétomètres, systèmes de localisation d'émissions de signaux électroniques, etc.– pour situer la position de leur cible en en intégrant les paramètres afin de déterminer l'action à entreprendre ; la seconde phase débute dès l'interprétation de l'objectif et implique l'emploi des armes conçues pour des emplois précis –torpilles, mines, bombes, missiles, roquettes, canons, etc.– afin de neutraliser la menace.

Différents objectifs

Pour la destruction d'un sous-marin, le choix de l'armement diffère selon qu'il est en plongée ou surpris en surface. Cette dernière situation qui n'intervient que rarement, généralement si le sous-marin connaît des

▼ *Les torpilles constituent des armes extrêmement performantes et complètement autonomes dès leur lancement. Elles se dirigent automatiquement sur leur cible pour frapper la coque et ouvrir une brèche.*

▶ *Les mines marines, comme la Mk65 Quick Strike, sont des moyens viables pour combattre la menace de surface. Leur maintenance n'est guère astreignante et leur mise en oeuvre en est de même.*

avaries ou s'il n'est pas conscient d'une menace imminente, des roquettes ou des canons et mitrailleuses lui occasionneront des dommages structurels qui, à défaut de le détruire, l'obligeront à subir de longues et coûteuses réparations.

La situation la plus fréquente veut que le sous-marin se déplace en immersion et à une profondeur dictée par des impératifs tactiques – un sous-marin conventionnel évolue à moins de 300 mètres tandis qu'un nucléaire peut plonger jusqu'à 900 mètres –, profondeur qui impose l'usage d'armes moins aléatoires que celles qui servent à traiter un objectif de surface : charges de profondeur, mines, torpilles ou missiles.

Les premières, parmi lesquelles on trouve la britannique Mk11 ou la suédoise SAM 204, sont chargées d'une importante quantité d'explosif et d'un dispositif de réglage pour les faire exploser à une profondeur déterminée mais qui en restreint l'emploi. Des mines plus récentes sont apparues comme l'américaine Quick Strike ou les russes AMD et MRP-80 et dont l'explosion est commandée par un processeur programmé pour une signature précise ; cette signature correspond aux paramètres d'un type de bâtiments déterminé ou du bruit de cavitation émanant de son système de propulsion et transmis par la coque et celui des hélices qui est encore plus révélateur puisque certaines "oreilles d'or" arrivent à distinguer un bâtiment précis de ses sister-ships.

Quelques pays, très peu, disposent également de mines nucléaires tactiques mouillées dans les zones soupçonnées de fréquentation sous-marine. Leur explosion provoque une onde de choc sous-marine d'une telle puissance qu'elle provoque la rupture de la coque du submersible et entraîne irrémédiablement sa perte.

Bien que l'efficience de ces armes anti-sous-marines ne soient pas mises en cause –elle est fonction du nombre de mines activées et du nombre de sous-marins déployés–, les torpilles sont le principal vecteur de la guerre ASM. Elles sont l'équivalent naval des bombes "intelligentes" de l'aviation, d'un poids qui autorise leur emport même d'un hélicoptère et d'une redoutable efficacité dans un grand nombre de cas. Elles sont transportées sur des pylônes sous voilure pour les hélicoptères et dans la soute des avions spécialisés. Leur emploi tactique est simple : leur autodirecteur s'active au contact de l'eau et les conduit sur l'objectif. Le calibre des torpilles occidentales est normalisé à 324 mm de diamètre tandis que les Russes disposent d'un large éventail allant du calibre de 350 à 650 mm.

Les modèles les plus courants sont les américaines Mk46 et Mk50, disponibles en plusieurs versions et plus ou moins modernisées, les britanniques Sting Ray, les françaises Murène et les russes APR-2E. Ces engins présentent une similitude quant à leur poids –deux cents à trois cents kilogrammes–, leur vitesse –quarante noeuds ou davantage– et leur portée, généralement supérieure à quinze kilomètres.

Attaques de navires de surface

En raison de la prolifération des systèmes défensifs basés sur les missiles, le combat antinavires de surface comporte des risques pour l'attaquant. Ces moyens défensifs englobent des missiles portables à courte portée, ceux de moyenne portée et d'autres –de défense de zone– qui engagent à longue distance. A cette panoplie, il faut ajouter les canons multitubes à haute cadence de tir capables de supprimer tout aéronef et missile à très courte distance.

En face de ces menaces concrètes, il faut sélectionner l'usage combiné de différents moyens disponibles, depuis les torpilles aux bombes ou disperseurs de sous-munitions. Progressivement, ces armes se sont développées pour devenir de plus en plus menaçantes, par leur précision –et leur prix à la baisse qui favorise leur développement– pour les navires de surface et indépendamment

Le guidage de certains types d'armes destinés à l'attaque d'objectifs navals passe par des nacelles d'équipements sophistiqués comme la Lantirn américaine.

du type, de la portée, de la masse et de la nature de l'emploi.
La majorité de l'armement offensif antinavire est à guidage autonome. Il présente l'avantage d'être lancé à grande distance –jusqu'à plusieurs centaines de kilomètres– et qui réduit pour l'aéronef attaquant le risque d'être abattu.
En fonction du type d'objectif et du vecteur qui emporte les armements, plusieurs types de missiles sont employés. Ceux à courte portée équipent les hélicoptères de lutte anti-sous-marine ou multirôle et sont montés sur des pylônes de moignons d'ailes ou sur des points d'attache de fuselage ; le tir s'effectue une fois confirmée la nature de l'objectif. Le missile est propulsé par un moteur-fusée et guidé jusqu'à la cible par son autodirecteur qui peut être à guidage laser ou infrarouge. Son inconvénient majeur réside dans sa portée limitée à 30 Km maximum et dans son ogive à charge relativement faible. Un seul impact peut occasionner de graves dommages mais il en faudra plusieurs pour couler une frégate à moins d'un coup direct dans un endroit sensible.
Parmi les modèles les plus rencontrés en service, on trouve l'AS-15 TT de chez l'Aérospatiale, le britannique Sea Skua d'Aerospace –utilisé au combat lors de la guerre des Malouines–, le norvégien Penguin de chez Konsberg qui dote les SH-60 américains et espagnols, les Marte italiens et les américains Maverick et Hellfire, ce dernier étant un missile antichar à capacité maintenant très limitée.
Pour une portée de tir et un pouvoir de destruction supérieurs, on a recours à des missiles plus performants emportés par des avions de combat ou de surveillance maritime spécialisés bien qu'ils puissent être emportés par quelques hélicoptères lourds. Les plus réputés sont le français Aérospatiale AM-39 Exocet –responsable des pertes cruelles enregistrées par la Royal Navy aux Malouines et de l'attaque iranienne de mars 1987 sur la frégate Stark–, et l'américain AGM-84 Harpoon, largement diffusé. Parmi les autres, mentionnons le suédois RBS-15F, les russes X-31 et X-15 et le Kormoran en service en Allemagne.

▼ *Les missions d'attaque antinavires exigent les plus grandes précautions sécuritaires. Les leurres thermiques sont destinés à la neutralisation des missiles surface-air.*

HÉLICOPTÈRES DE COMBAT

HÉLICOPTÈRES DE COMBAT

HÉLICOPTÈRES DE COMBAT

HÉLICOPTÈRES DE COMBAT

De la Guerre du Vietnam à aujourd'hui, l'évolution de l'enveloppement vertical a permis d'introduire de nouveaux types d'appareils : d'attaque, de transport, anti-sous-marins, de renseignement, de surveillance....
Des modèles comme l'Apache ou le futur Comanche garantissent l'hégémonie américaine.

LES OISEAUX
DE COMBAT ET DE TRANSPORT

L'hélicoptère de reconnaissance et de combat Comanche représente l'ultime développement des appareils à technologie furtive qui réduit considérablement la détection ennemie tout en augmentant la sécurité de l'appareil dans ses missions.

Grâce à ses conditions de vol qui lui confèrent les facultés d'accomplir un vaste éventail de missions, l'hélicoptère s'est révélé l'un des principaux systèmes d'armes du XXIème siècle en étant capable de détruire des formations blindées ennemies ou comme transport tactique de groupes d'opérations spéciales sans que sa présence ne soit détectée par ceux qu'il a pour mission de neutraliser.

Les avantages techniques

Les derniers modèles qui sont apparus sur le marché, et a fortiori ceux en voie de développement, réunissent le meilleur de la technologie tant au point de vue conception que construction. Ceci résulte d'un processus conceptuel incorporant des solutions techniques qui simplifient les contraintes de maintenance et diminuent d'autant les coûts d'entretien tout en offrant de meilleures perspectives d'emploi dans des conditions rigoureuses.

Les solutions intelligentes

Parmi les nouveaux hélicoptères qui viennent d'entrer en service ou le seront sous peu en ce début de siècle, nous devons mentionner :

- Le Comanche, de reconnaissance et d'attaque.
- Le NH-90, de transport moyen.
- Le Agusta Bell 139, capable d'accomplir un panel varié de missions moyennant des modifications spécifiques.

Ces appareils sont le résultat de l'effort industriel entamé depuis plus de cinquante ans pour produire une gamme de modèles qui vont du plus léger au plus lourd capable d'emporter jusqu'à vingt tonnes.

Mais satisfaire le client n'est pas facile car pour chaque série, le nombre d'exemplaires construits va en diminuant tandis que les coûts de fabrication augmentent. Dans un tel contexte commercial, il faut tirer le maximum de chaque projet ou offre, en partant d'un concept basique : de combien de solutions ont besoin les acheteurs, tant pour les versions conventionnelles que pour celles conçues pour des missions plus spécifiques.

Le potentiel industriel

Nombreuses sont les firmes américaines qui prédominent dans ce secteur particulier de la production aéronautique.

Encore que les Européens soient loin de

Le Sikorsky S-92 est un engin très avancé. Parmi de nombreux détails, citons la technologie qui a présidé sa conception et sa configuration qui a permis une réduction notable des coûts de servitude.

rester à la traîne et savent offrir des solutions de plus en plus séduisantes qui se traduisent par des ventes exponentielles. Outre des chaînes de fabrication éprouvées qui tournent grâce à de fructueux contrats, les constructeurs russes, qui produisent des appareils peut être moins sophistiqués –mais plus robustes– que les Occidentaux, se sont lancés dans une rénovation totale de leur gamme de productions. On y trouve des appareils qui sont en service depuis vingt ou trente ans ainsi que des moyens qui semblent avoir été élaborés comme répulsifs envers les acheteurs potentiels.

Toutes ces réalisations ont un dénominateur commun : elles incorporent les technologies les plus avancées disponibles sur le marché et des prix élevés. La fourchette des prix va de 4 000 000 de dollars pour un appareil léger de base à 40 000 000 de dollars pour un engin conçu pour la lutte anti-sous-marine, montant qui s'alourdira encore si la commande porte également sur de l'armement ou des pièces de rechange et/ou des équipements perfectionnés pour l'accomplissement de missions spécifiques.

Un marché en expansion

Les récents conflits comme ceux qui ont éclaté en Afghanistan en 2002 et en Irak en 2003, démontrent que l'hélicoptère, en dépit de sa vulnérabilité, est devenu indispensable dans le cadre d'un déploiement militaire.

Potentiel des ventes

Les pays économiquement développés le savent si bien qu'ils dotent leurs trois armées –Air, Terre, Mer– de nombreuses voilures tournantes à vocations diverses. Il existe néanmoins de nouvelles perspectives –comme celle adoptée par les Britanniques– qui préconisent un concept plus large qui pourrait répondre à plusieurs spécifications de missions multiples.

Les pays de moyenne importance pourraient s'équiper de cent à deux cents exemplaires de ce type sans rivaliser avec les deux milles hélicoptères des États-Unis.

Ce fait, conforté par la signature de plusieurs contrats ces dernières années, augure d'un marché potentiel de plusieurs centaines d'appareils par an si l'on y inclut les versions diverses.

Une analyse détaillée démontre que c'est la version de transport qui suscite les meilleures perspectives de vente.

Ceci s'explique par la flexibilité de cette catégorie d'appareils qui permet, au moyen de modifications aisées, de les rendre aptes à des missions particulières.

Les versions d'attaque tiennent toujours une part importante du marché notamment de la part de pays à vocation défensive.

Les modèles de lutte anti-sous-marine continuent d'évoluer pour obéir à des concepts d'engagements navals plus larges tandis que les appareils légers incorporent maintenant des fonctions multi-rôles tant pour la formation des nouveaux pilotes que pour des missions de liaison ou de transport de VIP.

En résumé, les prochaines décades ne bouleverseront pas l'emploi de l'hélicoptère tel que nous le connaissons actuellement sinon l'évolution de ses prestations et de son potentiel. Parmi les innovations techniques qui seront mises en service, citons des rotors nouvelle génération, des propulseurs moins gourmands en carburant et, surtout, une configuration furtive.

L'APACHE,
NÉ POUR LA GUERRE

Conçu pour neutraliser de multiples objectifs terrestres, l'hélicoptère Apache reçut le baptême du feu lors de la guerre du Golfe, puis s'est distingué en Afghanistan avant de s'affirmer comme système d'arme au cours de la guerre en Irak de 2003.

La genèse

En face de la menace incarnée par les dizaines de milliers de chars et de véhicules blindés des pays membres de l'ex-Pacte de Varsovie, l'état-major américain fut amené à concevoir un hélicoptère armé chargé de ralentir une éventuelle offensive.

La production

Après une longue période de développement et de modifications structurelles, les premiers exemplaires de série sortirent des chaînes de l'usine de Mesa, en Arizona, le 30 septembre 1983 avant d'être réceptionnés par l'armée américaine, le 26 janvier 1984. Les onze premiers exemplaires obéissaient à un cahier des charges signé en 1982. Le 6ème régiment de cavalerie fut la première formation à percevoir sa dotation complète en juillet 1986.

Les seize missiles Hellfire confèrent à l'Apache une impressionnante puissance. Les missiles peuvent être tirés sur autant de cibles terrestres individuelles même en mouvement.

Le tir des armes se base sur les données des systèmes informatiques qui identifient la menace la plus sérieuse et sélectionnent l'objectif dont la destruction est prioritaire.

Développements

Huit cents Apache ont été construits pour l'armée américaine. À la suite d'un programme initialisé en août 1990, ces appareils ont été actualisés comme version AH-64D Longbow. Les performances de la nouvelle version furent obtenues par une série d'évaluations de divers prototypes. Il était prévu de conformer une bonne partie du parc des voilures tournantes de l'U.S. Army à ce standard. Boeing commença les livraisons à partir de mars 1997.

Les utilisateurs étrangers

L'Apache est en service en Israël, Arabie Saoudite, Égypte, Grèce, Émirats Arabes Unis, Pays-Bas et Royaume-Uni. Le Koweit et l'Espagne l'ont évalué. Ces commandes s'élèvent actuellement à plus d'un millier d'appareils construits.

Conception

D'une construction robuste qui valorise ses performances et ses capacités, l'Apache a été

conçu en tenant compte des critères suivants :
- Optimisation de la viabilité du pilote et du co-pilote/officier système d'armes.
- Diversification de la charge offensive.
- Capacité de résistance aux accidents ou chutes au sol à des vitesses allant jusqu'à 12,8 m/s grâce à la capacité d'absorption en cas d'impact du train d'atterrissage Menasco.
Pour l'accomplissement de leur mission, les deux membres d'équipage disposent de plusieurs systèmes :
- Configuration en tandem dans une cabine au blindage résistant à des projectiles perforants de 12,7 mm et freine l'énergie cinétique des obus de 23 mm d'origine soviétique.
- Casques de vol avec visualisation et système de guidage intégrés.
- Écrans de visualisation des systèmes de l'appareil et des données de mission.
- Système de navigation combinant radar altimétrique, laser, centrale inertielle, radar Doppler et récepteur satellitaire GPS.
- Propulsion par deux turbomoteurs GE T700-GE-701 d'une puissance unitaire de 1 890 CV qui confèrent une appréciable maniabilité.

Au combat

Les dernières versions de cet hélicoptère américain, qui sont capables d'opérer de jour comme de nuit et dans un environnement météorologique défavorable, incorporent :

◀ Chaque moignon d'aile peut recevoir jusqu'à huit missiles Hellfire. Il peut également recevoir des réservoirs auxiliaires et de l'armement complémentaire.

▶ Le radar de la partie supérieure du rotor est l'élément visuel le plus caractéristique de la version Longbow D. L'émetteur qui opère en fréquences millimétriques est logé dans le radôme.

- Télémètre désignateur laser, système de balayage à l'infrarouge, capteur infrarouges pour vision de nuit, autant de systèmes qui détectent, répertorient et classent par priorité les objectifs à attaquer.
- Un radar à ondes millimétriques implanté sur le mât du rotor principal et capable d'afficher sur l'écran de l'officier un système d'armes allant jusqu'à 256 objectifs.
- Un système d'acquisition et de suivi d'objectifs TADS/PNVS logé dans la tourelle de nez.
- Système intégré de contre-mesures SN/ALQ-211 SIRFC (Suite of Integrated RF Countemeasures) qui complète le détecteur d'alerte radar.
- Brouilleur infrarouge AN/ALQ-144A qui absorbe les émissions infrarouges de missiles pouvant être tirés contre l'hélicoptère.
- Lance-leurres thermiques M-130.

Son armement standard comprend :

- Un canon McDonnell Douglas M230 Chain Gun de 30 mm avec une cadence de tir de 625 tirs à la minute.
- Seize missiles antichars RF Hellfire.
- Lance-roquettes de 69,85 mm.
- Missiles air-air à guidage infrarouge.

Même si les résultats obtenus au combat se sont parfois révélés décevants, les capteurs du AH-64 en font le meilleur hélicoptère de combat du monde.

Le système de contrôle de tir est entièrement numérisé pour soulager les deux pilotes. Il permet le combat diurne et nocturne y compris sous des conditions météorologiques défavorables.

Caractéristiques techniques du AH-64D

Prix :	20 millions de dollars
Dimensions :	
Longueur	15,47 m
Hauteur	4,95 m
Envergure	5,23 m
Surface balayée par le rotor principal	168,11 m^2
Surface balayée par le rotor de queue	6,13 m^2
Poids :	
À vide	5.352 Kg
Maximum	10.107 Kg
Charge externe maximum	2.712 Kg
Charge interne de carburant	1.421 l
Charge externe de carburant	3.484 l
Propulseurs :	2 turbomoteurs GE T700-GE-701C avec une puissance totale de 3 780 CV
Prestations :	
Plafond pratique	6.400 m
Plafond stationnaire avec effet de sol	4.115 m
Vitesse maximale en palier	261 Km/h
Distance avec carburant interne	407 Km
Distance avec carburant interne et externe	1.899 Km
Facteur de charge	+3,5/-0,5 g's

LE BO-105

Cet hélicoptère léger a fait l'objet de commandes de plusieurs pays du golfe Persique. L'Espagne en a fourni une certaine quantité à l'Irak.

De dimensions réduites, le BO-105 a prouvé sa flexibilité en assurant les missions les plus variées et de toute nature dans les domaines civil, policier et militaire. Pour le compte de la police, il assume des missions de surveillance sur des métropoles telles que New York et Barcelone. Dans les armées de terre allemande, suédoise et espagnole, c'est un vecteur de la lutte antichar. Au Mexique et au Chili, il surveille les eaux territoriales.

Origine

Après la Seconde Guerre mondiale, les ingénieurs allemands de Messerschmitt-Bölkow-Blohm (MBB) se lancèrent dans l'étude d'hélicoptères dont résulta le BO-105 qui fit son premier vol le 16 février 1967. En 1974, l'armée allemande adopta sa version d'observation et, l'année suivante, elle commanda une variante de lutte antichar. Le BO-105 restera en service jusqu'à l'avènement de son successeur, le Tigre.

Exportations

Après avoir réceptionné quelques exemplaires de fabrication allemande, l'armée espagnole signa une commande pour une fabrication sous licence par la société Construcciones Aeonáutica S.A. (CASA) à Getafe de quatre-vingts exemplaires. Ce sont des chaînes de Getafe que sortira une bonne partie de la moitié des cent appareils exportés en Irak.

Fin 1984, la sélection suédoise du BO-105 comme vecteur du système antichar SAAB-Emerson/TOW ouvrit la voie à des commandes de la Colombie, du Brunei, de l'Indonésie, des Pays-Bas, du Canada, du Mexique, des Philippines, du Pérou, du Nigeria, du Chili et de la Corée du Sud. La plupart des 1 300 appareils qui servent dans une quarantaine de pays ont été montés ou construits sous licence.

Possibilités

- Les performances de cet appareil et sa maniabilité le rendent idoine pour certaines missions particulières qui ne requièrent pas une capacité de charge élevée.
- Son faible niveau sonore le fait apprécier des forces de sécurité pour les patrouilles de surveillance des villes ou l'infiltration de groupes d'intervention dont les membres voyagent sur les patins d'atterrissage et sautent ou descendent en rappel sur le site même de l'intervention.
- Ses qualités militaires le rendent apte à de multiplcs situations.
- Parmi les variantes spéciales, certaines versions navales sont équipées d'un radar de

▼ *Les Allemands l'utilisent comme chasseurs de chars depuis plus de vingt ans. Aucun engin blindé à moins de quatre kilomètres ne peut échapper aux missiles HOT.*

recherche dans le nez et d'un treuil de sauvetage pouvant aussi convenir à l'hélitreuillage de petites charges. Elles bénéficient d'un réservoir auxiliaire.

Emploi

Conçu comme un appareil solide et facile de maintenance, le BO-105 poursuit sa carrière dans un grand nombre de pays et entre les mains de multiples utilisateurs qui apprécient son pilotage aisé bien que sa puissance soit insuffisante dans certaines conditions.

Configuration

- Son fuselage comprend la cellule principale qui abrite l'habitacle à l'avant puis le bloc moteur et prolongée par la poutre de queue qui supporte le rotor de queue.
- Les deux pilotes à l'avant de l'habitacle disposent d'une console centrale en forme de T où sont installés les cadrans qui affichent toutes les informations relatives aux moteurs et aux équipements de vol et de navigation ainsi que les commandes du système d'armes.
- Derrière les pilotes, une banquette siège peut accueillir trois passagers et être démontée pour le transport de petites charges et un compartiment cargo arrière auquel on accède par deux portes latérales.
- À la partie inférieure du fuselage, deux patins forment le train d'atterrissage.

Cette version spéciale possède des patins d'atterrissage surélevés de façon à installer un canon de 20 mm à tir rapide.

Moteurs

- Le groupe moteur pour la version CB se compose de deux turbomoteurs Allison 250-C20B qui développent une puissance totale de 800 CV mais en cas d'urgence, ils peuvent être poussés jusqu'à 840 CV
- Associé aux moteurs, le rotor principal possède ses propres caractéristiques composées d'une tête en titane et quatre pales en matériaux composites renforcés de fibres de verre et qui restent rigides sans la moindre sollicitation d'un pilote, ce qui confère au BO-105 plus de capacités que les voilures tournantes classiques. Le rotor a une durée de vie utile de 200 à 10 000 heures en cas de perforation par des projectiles d'armes de petit calibre.
- Les réservoirs de carburant sont positionnés sous le plancher de la cabine. Leur remplissage s'effectue par une prise fixe située dans la partie inférieure gauche. Leur capacité globale est de 570 litres.

Lutte antichar

Constituant le principal composant aérien pour la lutte antichar des armées allemande et espagnole, cet hélicoptère est configuré avec les meilleurs moyens de survie pour l'accomplissement de cette tâche. Parmi ceux-ci, le viseur stabilisé SFIM APX M397 sur le toit de l'habitacle.

Après sélection de l'objectif à détruire, le BO-105 tire un des six missiles antichars à longue portée HOT de la seconde génération et qui sont installés par batterie de trois conteneurs de chaque côté du fuselage. Le HOT est létal jusqu'à 4 Km.

Les exemplaires suédois sont armés du missile TOW d'origine américaine.

▼ *Malgré ses petites dimensions, le BO-105 peut emporter six missiles antichars. Cette dotation se fait au détriment de la maniabilité et de l'emport de carburant.*

Caractéristiques techniques du BO-105CB	
Prix :	6 millions de dollars
Dimensions:	
Longueur	11,86 m
Hauteur	3,02 m
Diamètre du rotor principal	9,84 m
Diamètre du rotor de queue	1,90 m
Surface balayée par le disque du rotor principal	76,05 m²
Poids :	
À vide	1.277 Kg
Maximal	2.500 Kg
Capacité maximale	500 Kg
Capacité en carburant	570 l
Moteurs :	2 turbomoteurs Allison 250-C20B avec une puissance globale de 840 CV
Prestations :	
Plafond pratique	3.050 m
Vitesse maximale au niveau de la mer	242 Km/h
Distance franchissable	596 Km

AH-1 SUPER COBRA
TRENTE ANS D'ÉVOLUTION

Très agile et manœuvrable, le Super Cobra, à l'instar de bon nombre d'hélicoptères américains, a un rotor principal à deux pales. C'est un guerrier chevronné sur de nombreuses campagnes : Vietnam, Liban, la Grenade, Panama, la guerre du Golfe, autant d'actions au cours desquelles sa robustesse et ses qualités militaires se sont imposées

Origine

Il est le fruit, en juin 1962, d'une initiative privée de la société Bell Helicopter Textron qui le dénomme d'abord D-225 Iroquois Warrior puis Model 209 qui répondra à la spécification AAFSS (Advanced Aerial Fire Support System) de l'U.S. Army. Le prototype effectue son premier vol le 7 septembre 1965.

Développement

Un marché est conclu avec l'U.S. Army le 13 avril 1966 et les premiers AH-1G Cobra arrivent au Vietnam en septembre 1967. Les nécessités opérationnelles amenèrent le Marine Corps à demander une version améliorée propulsée par deux turbines et qui deviendra le AH-1J Sea Cobra et sera mis en ligne à partir de 1970.

La construction de près de deux mille appareils (Outre les États-Unis, les autres utilisateurs sont Israël, la Turquie, la Grèce, l'Iran, la Jordanie, le Pakistan, l'Espagne, Bahrein, la Corée du Sud, la Thaïlande et le Japon) s'est accompagnée d'améliorations continues telles que :

- L'introduction de nouvelles capacités de combat notamment avec le missile filoguidé antichar TOW.
- L'installation de moteurs plus puissants.
- Une avionique régulièrement optimisée.

Les versions

La gamme des hélicoptères Cobra construits comprend une longue liste de versions adaptées aux nécessités et possibilités du moment.

▲ L'étroitesse de son fuselage lui permet d'abaisser sa signature radar et de rendre sa détectinn plus aléatoire.

◄ Sa maniabilité permet à l'appareil d'évoluer pratiquement au ras du sol et de profiter des accidents de terrain pour réduire drastiquement sa détectabilité augmentant ainsi ses chances de survie en environnement hostile.

- La version originale qui entra en service fut le AH-1G fut suivie par des versions améliorées : AH1-G Snake, Z.14, TH-1G HueyCobra, JAH-1G HueyCobra, AH-1J Sea Cobra, AH-1Q HueyCobra, AH-1R HueyCobra, AH-1S, Up-Gun AH-1S, Modernized AH-1S, TH-1S, AH-1T Improved Sea Cobra, AH-1T+, AH-1W et Z Super Cobra. Certaines reçurent des désignations comme CONFICS, ALLD, ATAFCS ou SMASH selon les systèmes de visée et de conduite de tir qui les équipaient.
- Aux versions antérieures succéda l'AH-1Q configuré pour le tir de missiles TOW et l'AH-1S aux turbines plus puissantes qui conféraient davantage de maniabilité.
- De leur côté, les Marines achetèrent le modèle biturbine qu'ils baptisèrent Sea Cobra. Des versions successives, la plus moderne, le Super Cobra, a été profondément remaniée et emploie un rotor à quatre pales. Les modèles anciens encore en dotation au Marine Corps seront progressivement conformés à ce standard jusqu'en 2013.

◀ *Les prestations du Cobra n'ont cessé d'évoluer depuis près de quarante ans et il y a tout lieu de penser qu'il restera en service jusqu'en 2025 au moins.*

▶ *Les quatre pales du nouveau rotor lui confèrent une grande souplesse et une excellente maniabilité qui réduisent le danger des armes antiaériennes.*

Le Super Cobra

Conçu pour le Marine Corps, l'AH-1Z est, jusqu'à ce jour, le fleuron de toute la lignée en raison de ses capacités opérationnelles, notamment grâce à la viabilité que lui confèrent ses deux turbines et son extrême maniabilité.

Caractéristiques

- Sa section de fuselage étroite et ses formes compactes ne facilitent pas sa détection par l'avant et en font un hélicoptère très difficile à toucher réduisant sa signature radar et infrarouge ainsi que la résistance aérodynamique.
- L'habitacle est biplace en tandem.

Le pilote occupe le siège arrière en position surélevée ce qui améliore sa vision sur l'extérieur.

Le copilote/officier système d'armes est assis à l'avant et dispose lui aussi d'un excellent champ visuel. L'habitacle, à air conditionné, est doté d'écrans compatibles aux missions de nuit et offre une protection latérale et inférieure contre les projectiles légers.

- L'ensemble moteurs entraîne le rotor principal quadripale. Il se compose de deux turbomoteurs General Electric T700-GE-401C d'une puissance globale de 3 380 CV
- Son équipement inclut un capteur Kaiser de données de vol, un radar altimétrique AN/APN-194, un détecteur d'alerte radar AN/AP-47, un lanceur de leurres thermiques AN/ALE-47 ainsi qu'une centrale de navigation Teledyne AN/APN-21 à effet Doppler.

Armement

Le viseur M65 dispose du système d'imagerie thermique NTSF-65 qui permet d'attaquer des objectifs de nuit au moyen d'armes les plus sophistiquées telles que :

- La tourelle de nez électrique General Electric GTK4A/A avec un canon tritube M197 de 20 mm.
- Les deux moignons d'ailes peuvent recevoir des lance-roquettes de 70 mm, des conteneurs de munitions incendiaires à effet de souffle CBU-55B, des dispensateurs de grenades M118, des conteneurs GPU-2A ou SUU-11A/A pour mitrailleuses multitubes Minigun de 7,62 x 51 mm, des missiles antichars TOW ou AGM-114 Hellfire.

Tout cet arsenal est idoine pour les missions d'escorte, les reconnaissances armées et d'attaques d'éléments mécanisés et blindés.

▲ *Une dizaine de pays utilisent le Cobra depuis la dernière décade. Les Israéliens et les Américains l'ont éprouvé au combat avec de notables résultats.*

◄ *L'armement du AH-1Z est impressionnant : canon de trois tubes de 20 mm et points d'accrochage pour un grand nombre de missiles et autres systèmes d'armes.*

Caractéristiques techniques du AH-1Z Super Cobra

Prix :	18 millions de dollars
Dimensions :	
Longueur du fuselage	13,87 m
Hauteur	4,39 m
Diamètre du rotor principal	14,63 m
Surface balayée par le rotor principal	168,11 m²
Poids :	
À vide	5.580 Kg
Maximal au décollage	8.391 Kg
Charge maximale d'armes et carburant	2.812 Kg
Capacité interne de carburant	1.565 l
Moteurs :	Deux turbomoteurs General Electric T700-GE-401C d'une puissance
Prestations :	
Plafond pratique	4.495 m
Vitesse maximale au niveau de la mer	298 Km/h
Vitesse de croisière	265 Km
Rayon d'action	705 Km

LA GAZELLE
PARI EUROPÉEN

L'hélicoptère français Gazelle combine une grande agilité et une réelle capacité d'emport d'un large éventail d'armes qui la rendent capable de missions d'attaque tout temps contre des objectifs mécanisés, blindés et même aériens. Tchad, Moyen-Orient, guerre des Malouines, guerre du Golfe, Yougoslavie, autant de lieux de conflits où il est intervenu sous bien des formes : attaque, reconnaissance, transport et évacuation.

Structure

- L'habitacle est formé d'une structure semi-monocoque comportant deux caissons au-dessus desquels sont montés des supports en alliage léger pour les fenêtres et les portes.
- La section centrale est constituée de panneaux en nid d'abeille qui recouvrent la zone de passage et les réservoirs.
- La section arrière du fuselage abrite le compartiment moteur qui comporte un revêtement métallique et entraîne l'axe de transmission du rotor que prolonge la poutre de queue. À la place du rotor de queue classique est installé un fenestron, sorte de soufflante carénée qui assure la stabilité directionnelle sans faire appel à l'effet compensateur d'un rotor de queue.
- L'ensemble moteur comprend une turbine Turbomeca Astazou IIIA, dont la puissance

La Gazelle résulte d'un accord commun entre les Français et les Britanniques. Cet hélicoptère léger a de grandes qualités opérationnelles notamment dans le cadre de reconnaissance armée.

Cet appareil a largement été éprouvé au combat. Sa dernière intervention remonte à la libération de l'Irak en 2003.

développe entre 590 CV pour la version initiale et 890 CV pour le SA 342, et une tubulure d'échappement équipée d'un déflecteur qui dirige les gaz vers l'arrière et un peu en hauteur permettant de diminuer la signature thermique et de réduire la vulnérabilité de l'appareil face aux missiles à guidage à infrarouge.

Configuration

- Le pilote et le copilote sont assis côte à côte et disposent d'un large champ visuel grâce à l'important vitrage.
- Derrière les deux sièges des pilotes, un autre siège puis un double permettent à trois passagers de prendre place.
- La nature de la mission conditionne l'armement emporté. Des pylônes latéraux peuvent recevoir des paniers à roquettes de 68 mm ou des missiles antichars HOT, TOW, Sagger. Les exemplaires de l'ALAT sont dotés d'un canon de 20 mm et de missiles anti-hélicoptères Matra Mistral sur affût double pour le guidage desquels les dernières variantes emportent le viseur Viviane implanté au-dessus de la cabine de pilotage.

Les missiles air-air en affûts doubles latéraux servent à son autoprotection en cas d'interférence avec des hélicoptères adverses.

L'aptitude au combat de la Gazelle est largement prouvée bien qu'elle soit dépourvue du blindage dont sont dotés un grand nombre d'appareils contemporains. Sa capacité à remplir des missions complémentaires lui vaudra de rester en service pour de nombreuses années encore.

Ses capacités et sa polyvalence lui permettent d'être embarqué notamment sur des bâtiments amphibies à partir desquels il a accompli des interventions armées comme des missions de maintien de la paix. .

Caractéristiques techniques du SA-342 Gazelle

Prix :	6 millions de dollars
Dimensions :	
Longueur	11,97 m
Hauteur	3,18 m
Diamètre du rotor principal	10,50 m
Surface du disque du rotor principal	86,50 m²
Poids :	
À vide	917 Kg
Maximal au décollage	1.900 Kg
Charge maximale externe	700 Kg
Carburant interne	445 l
Moteur :	1 turbomoteur Turbomeca Astazou XIV de 890 CV
Prestations :	
Plafond pratique	4.300 m
Vitesse maximale	310 Km/h
Vitesse ascensionnellel	8,5 m/s
Distance franchissable maximale	755 Km

LE TIGRE
HÉLICOPTÈRE D'ATTAQUE

La construction de cet hélicoptère se répartit entre nations concernées selon la proportion d'exemplaires commandés. Pour sa commande, l'Australie a bénéficié d'effets compensatoires.

La nécessité s'imposa pour les armées française et allemande et leurs industries de défense de mener conjointement des actions à grande échelle et la conception de l'hélicoptère d'attaque Eurocopter Tigre en est l'une de ses résultantes qui se concrétise comme réponse adéquate à la demande croissante d'appareils spécialisés.

La manœuvrabilité exceptionnelle du Tigre, déjà une légende y compris en vol inversé, constitue un sérieux atout pour sa viabilité.

L'origine

Les gouvernements français et allemand entamèrent les négociations sur un nouveau modèle d'hélicoptère d'attaque en 1984 et l'accord pour son étude et sa réalisation fut ratifié le 13 novembre 1987. Le contrat définitif fut signé le 30 novembre 1989 entre Eurocopter – majoritairement à capitaux de l'Aérospatiale – et la firme allemande Messerschmitt Bölkow Blohm (MBB).

Évaluations et livraisons

Le prototype fit son premier vol le 27 avril 1991. Le 21 février 1997, cinq exemplaires sortirent des ateliers. En plus des tests du domaine du vol et des essais d'avionique, les appareils procédèrent à des tirs de missiles Hot et à des essais en conditions arctiques. À cette fin, le PT4 subit des essais en Suède par des températures inférieures à 30°. En plus du train normal, l'appareil était équipé de patins pour faciliter ses mouvements sur terrain enneigé. À l'inverse, des évaluations temps chaud se déroulèrent à Abu Dhabi et en Australie parallèlement à des tirs de missiles air-air Mistral et tirs canon.

Les résultats prometteurs enregistrés conduisirent à la signature du contrat de production le 18 juin 1999 avec à la clé les premières livraisons pour 2003. Les Australiens, qui avaient pu

▼ *L'habitacle, avec ses sièges séparés pour le pilote et l'opérateur systèmes d'armes, dispose de nombreux écrans multifonctions qui réduisent la charge de travail de l'équipage.*

mesurer la protection de l'équipage grâce au blindage du cockpit et aux sièges à absorption d'énergie lors du crash de PT4, passèrent commande pour une vingtaine de Aussie Tiger (Tigre australien).

À l'origine, il était question d'une centaine d'appareils pour les Français et du double pour les Allemands. À l'heure actuelle, les deux pays ont prévu le financement de 80 hélicoptères pour chaque signataire.

Après beaucoup d'hésitation et d'études comparatives, l'Espagne s'est prononcée pour l'achat de la version HAD qui dispose de 14% de puissance supplémentaire afin d'obéir aux normes de l'armement prévues par l'armée espagnole et aux températures plus élevées de la péninsule ibérique.

Sa silhouette et ses qualités de vol lui confèrent une bonne furtivité. Pouvant voler au ras du sol ou se cacher dans le relief du terrain, chargé de capteurs électroniques, il peut passer inaperçu en zone hostile.

Perspectives

Le Tigre a démontré lors de multiples épreuves son adéquation à toutes les contingences opérationnelles et climatiques. Il répond aux espoirs placés dans sa conception et se positionne parmi les engins les plus élaborés pour un vaste champ de missions.

Atouts techniques

Le Tigre intègre la plus moderne technologie

- Sa structure se compose à 80% de matériaux composites sans rivets, titane, aluminium, Kevlar, etc., et est capable de résister à des chocs à l'impact au sol de l'ordre de 10,5 m/s.
- Deux turbomoteurs MTU/Rolls Royce/Turbomeca MTR390 à la puissance unitaire de 1 285 CV –pouvant monter à 1 558 CV en cas d'urgence– avec tuyères d'échappement de gaz intégrées dans le fuselage pour réduire la signature thermique.

Ce modèle est conçu pour neutraliser les menaces actuelles et futures dans n'importe quel environnement ou situation, mais l'évolution géopolitique l'amènera à être employé également dans des missions de reconnaissance armée et d'escorte.

L'habitacle

- Pour soulager le travail de chaque membre d'équipage, celui-ci est installé en tandem. À l'opposé de la disposition américaine, le pilote occupe le poste avant tandis que le tireur/opérateur est à l'arrière.
- Il incorpore toutes les dernières innovations en matière d'avionique grâce à des écrans multifonctions en couleur : unité de contrôle CDU, système de contrôle de vol AFCS, système d'intercommunication ICS, système d'alerte aux fréquences infrarouges, écran de systématisation d'alarmes, et, entre autres, écrans de contrôle de tir.
- Le pilote et le tireur/opérateur ont tous deux un casque qui leur fournit les paramètres essentiels : viseur intégré à vision holographique pour faciliter le tir, l'affichage des données de vol, système de communication interne avec des éléments amis en vol ou au sol.
- L'autodéfense repose sur le système Thomson-CSF TSC 2000 avec IFR pour l'identification ami/hostile, système d'alerte laser et radar, lanceurs de leurres, etc.
- Sa puissance offensive se concrétise par un canon GIAT de 30 mm et l'emport de missiles et de roquettes fixés sur les moignons d'ailes. Avant l'annulation du programme du missile de dernière génération Trigat-LR à guidage optronique, il était prévu d'en équiper le Tigre.

◄ *La gamme des missions de cet hélicoptère est vaste et s'étend du domaine air-sol au combat air-air ; ceci en fonction de la sélection de l'armement installé.*

▼ *Trois pays s'étant portés acquéreurs, rien n'interdit d'autres commandes à moyen terme. L'Espagne a récemment ratifiée l'acquisition de 24 exemplaires.*

Caractéristiques techniques du Tigre

Prix :	20 à 30 millions de dollars selon la version
Dimensions :	
Longueur du fuselage	14,00 m
Hauteur	4,32 m
Diamètre du rotor principal	13,00 m
Surface du disque du rotor principal	132,70 m²
Diamètre du rotor de queue	2,70 m
Poids :	
À vide	3.300 Kg
Maximal au décollage	6.000 Kg
Charge maximale	1.660 Kg
Carburant interne	1.360 l
Moteurs :	2 turbomoteurs MTU/Rolls-Royce/Tubomeca MTR390 d'une puissance unitaire de 1 285 CV
Prestations :	
Plafond pratique	Supérieur à 2 000 m
Vitesse de croisière	280 Km/h
Distance franchissable maximale	800 Km

LE NH-90
LA NOUVEAUTÉ DU XXIème SIECLE

L'origine du programme NH90 remonte à 1981 lorsque cinq pays européens –la France, l'Allemagne, les Pays-Bas, l'Italie et le Royaume-Uni– exprimèrent des besoins communs pour le développement et la fabrication d'un hélicoptère de transport et de lutte anti-sous-marine destiné à armer leurs frégates.

Ce modèle fut baptisé NH90, hélicoptère OTAN des années 90, date à laquelle il était prévu d'entrer en service. Pour diverses raisons –dont le retrait britannique de 1987 et la menace italienne du même ordre– cet évènement n'interviendra qu'en 2004.

Projet commun

L'effort industriel des quatre derniers participants se concrétisa par la création de NH Industries qui prit en charge la conception du développement, de l'industrialisation, de la production et, enfin, du soutien logistique de l'hélicoptère. Les actionnaires sont pour l'Italie Agusta à 28,2%, pour la France Eurocopter à 41,6%, l'Allemagne Eurocopter Deutschland à 23,7% et 6,5% pour le néerlandais Fokker. Le pourcentage d'investissement reflète le nombre d'exemplaires que chaque nation pense acquérir.

Des versions prometteuses

Depuis le premier vol des quatre prototypes, le 18 décembre 1995, un programme d'évaluations intensives a été accompli. Il a débouché sur la mise au point de deux versions.

1ère TTH (Tactical Transport Helicopter)

- Pour le transport du personnel et du matériel.
- Entre quatorze et vingt hommes totalement équipés peuvent prendre place dans la cabine par une rampe arrière.

L'appareil peut enlever deux tonnes et demie d'équipements, entreprendre des évacuations sanitaires, des largages de parachutistes ou des missions SAR.

◀ *Un poste de pilotage révolutionnaire pour les équipages. La planche de bord est celle d'un appareil du XXIème siècle. Toutes les informations sont délivrées via cinq écrans de grande dimension.*

▼ *La version navale est conçue pour opérer à partir de bâtiments de combat. Son équipement complet lui confère des capacités multirôles. Elle peut accomplir des missions d'une durée de deux heures à partir du bâtiment porteur.*

2ème NFH (Naval Frigate Helicopter) :
- Son emploi fut déterminé par l'obligation d'être embarqué sur des bâtiments de surface pour accomplir des missions anti-sous-marines comme d'attaque d'objectifs de surface, de mener à bien des missions corollaires comme la reconnaissance maritime et secours aérien, ravitaillement et transport de troupes.

Caractéristiques premières :
- À l'exception de quelques équipements qui les différencient, les deux versions présentent un aspect général similaire avec les mêmes cellules, propulseur et configuration basique.
- La cabine de pilotage est truffée d'écrans numériques multifonctions et de tous équipements vitaux pour soulager la charge de travail de l'équipage : pilote, coordinateur tactique et opérateur électronicien pour la version navale.
- Derrière le poste d'équipage, le reste de la cabine est facilement accessible grâce à une rampe d'accès arrière et peut recevoir les équipements correspondant aux versions spécialisées.
- La propulsion est assurée par deux turbines Rolls Royce Turbomeca RTM 322-01/9 ou par les General Electric T700/T6E1, dont le choix est fonction des contingences logistiques et de maintenance de chaque pays utilisateur.

Succès industriel

L'expérimentation techno-industrielle très élaborée a permis de surmonter des troubles d'enfance qui affectait le rotor de titane et ses quatre pales en matériaux composites et le système intégré d'avionique basé sur un bus centralisé de données.

Sous le double service

Si un certain nombre de capteurs sont communs à chaque version, la version NFH en embarque de plus sophistiqués qui répondent

NHI
NH
90

La version navale est conçue pour opérer à partir de bâtiments de combat. Son équipement complet lui confère des capacités multirôles. Elle peut accomplir des missions d'une durée de deux heures à partir du bâtiment porteur.

Sur les 80 exemplaires commandés par les Allemands, il est prévu d'en délivrer cinquante à l'armée de terre et le solde à la Luftwaffe.

aux spécificités des missions maritimes : lutte antisurface et atterrissage sur la plate-forme exigüe d'une frégate par temps défavorable. Parmi les autres équipements dont est doté cet hélicoptère, qui entre dans la catégorie des dix tonnes maximum, citons :

- Commandes de vol électriques du type « fly by wire ».
- La maintenance intégrée, indication automatique de pannes avec accès rapide aux éléments défectueux ou à réviser, réduit à 2,5 h ces opérations.
- La redondance de tous les systèmes vitaux.

Livraisons

Sur les 80 exemplaires commandés par les Allemands, l'armée a reçu ses premiers appareils en 2004. Les Italiens, qui en ont 116 en commande, ont également reçu les premiers à la même période. En 2005, la France recevra 27 appareils et les Pays-Bas en espèrent une vingtaine pour 2007.

À ces commandes, il convient d'ajouter les 10 hélicoptères commandés en juin 2001 par le Portugal et celles, modestes, de pays baltes. À l'exception du Danemark, les autres pays scandinaves ne sont pas en reste puisque la Suède, la Finlande et la Norvège ont respectivement commandé 25, 20 et 24 exemplaires. De plus, ces trois nations ont signé une option pour l'achat futur d'appareils supplémentaires. La Grèce a signé une commande de 20 unités avec une option pour 14 appareils supplémentaires. De même, l'Espagne, potentiellement intéressée, devrait rejoindre le « club NH90 ».

LE MIL,
LA RÉPONSE SOVIÉTIQUE

◀ *Le Mil Mi-8 fut d'abord conçu comme hélicoptère de transport mais son évolution a donné lieu à des versions armées pour l'appui rapproché et le transport de divers systèmes d'armes.*

▶ *Les combattants afghans ne purent contrecarrer la menace du Mil Mi-24 Hind que grâce à la fourniture de missiles Stinger par les États-Unis. Cet hélicoptère au large potentiel est toujours en service dans un nombre significatif de pays y compris la Côte d'Ivoire où trois appareils de ce type du président Gbagbo –pilotés par des mercenaires sud-africains– sont intervenus contre les rebelles du MPCI lors des combats de Bouaké et Korhogo en 2002.*

Au cours de l'opération « Liberté durable » qui se déroula en Afghanistan, un hélicoptère américain Chinook fut accidenté. Pour le récupérer et le réparer ultérieurement, il fallait un puissant hélicoptère de transport, en l'occurrence, le meilleur du monde dans cette catégorie : le Mil Mi-26 russe, capable d'élever une charge supérieure à douze tonnes.

Des perspectives intéressantes

Les matériels représentés par la société russe Mil MHP et construits par Rostvertol PLC, sociétés héritières des précédents constructeurs soviétiques qui vendirent des milliers de voilures tournantes de la famille Mil, sont très intéressants et présentent quelques caractéristiques qui les font surclasser leurs homologues occidentaux.

Capacité de transport

Le nom Mil se réfère à l'ingénieur soviétique Mikhail Leontyevich Mil qui devint célèbre par ses réalisations aéronautiques des années soixante et soixante-dix :

- Le Mil Mi-6, hélicoptère de transport lourd, connu sous la codification OTAN de Hook en référence à sa capacité d'emport interne de 12 tonnes que lui conférait un énorme rotor.
- Le Mil Mi-8, modèle au rotor principal qui entraînait cinq pales de grandes dimensions. Son fuselage présentait la particularité d'avoir deux portes de chargement arrière pour faciliter l'entrée et la sortie de personnels. De plus, son train d'atterrissage fixe lui permettait de se poser sur n'importe quel terrain et de résister à de petits chocs en cas d'impact au sol.
- Le Mi-8PP de guerre électronique et doté d'équipements sophistiqués.

- Le Mi-8 AMTS, dernière version du Hip et dotée d'un blindage.

Des capacités améliorées

- Le Mi-17 apparut au début des années quatre-vingt comme très supérieur aux modèles antérieurs. Il était capable d'emporter trente hommes tout équipés et de voler à 250 Km/h.
- Le Mil Mi-26 Halo, encore plus performant et dont le premier prototype vola en 1977. Plusieurs versions de cet hélicoptère furent construites qui, à son époque, détenait le record d'emport.
- Le Mi-26T, ultime variante du précédent, à la cellule modernisée et capable d'effectuer des transports d'hommes et de matériels plus diversifiés y compris l'hélitreuillage.

Détruire les chars

L'une des plus notoires réalisations de Mil concerne la gamme d'appareils conçus pour le combat et particulièrement la lutte antichar et engins blindés.

▲ *Pour être en service dans un grand nombre de pays, le Mi-24 a prouvé son adéquation particulièrement dans les pays ayant fait partie un temps ou un autre de l'orbite soviétique. Actuellement, Il existe une version améliorée, le Mi-35.*

▶ *Le poste de pilotage du Mil Mi-35, le dernier d'une lignée conçue pour contrecarrer la menace blindée des forces de l'OTAN. L'engin reste un vecteur valable qui tient encore sa place sur le marché international.*

▼ *Les pylônes d'ailes du Hind peuvent recevoir des missiles antichars, des canons, des paniers à roquettes et autres systèmes d'armes laissant ainsi la capacité de fuselage libre pour embarquer un groupe de combat.*

Une indiscutable efficience

Le conflit soviéto-afghan souligna les qualités du Mil Mi-24 Hind, modèle qui suscita tellement l'intérêt des Américains que ces derniers montèrent une véritable opération spéciale pour récupérer un exemplaire libyen abandonné au Tchad.

Ce modèle possède des qualités absentes chez les autres hélicoptères :

- Les vitrages des habitacles des deux membres d'équipage leur offre un panorama parfait sur l'avant.
- Sa vaste soute peut recevoir une charge correspondant à un peloton de combat ou l'équivalent en réservoirs supplémentaires.
- L'impressionnante charge offensive emportée simultanément sous chaque moignon d'ailes : paniers à roquettes, missiles antichars voire des systèmes antiaériens.

La dernière version du Hind, le Mi-35, témoigne d'améliorations qui lui permettront de rester en service pendant les quinze à vingt années prochaines. Si l'on tient compte de la longue durée de vie qui a caractérisé les productions de l'ex-Union soviétique, cette assertion n'est pas gratuite.

Un autre modèle fut mis au point entre le Mi-24 et le Mi-35, le Mi-28 Havoc, le dernier rejeton de la lignée Mil, responsable de la fabrication de plus de 30 000 hélicoptères de tous types durant les quarante dernières années. Sa conception commença en 1980 et déboucha sur quatre prototypes dont l'un fit une apparition renversante au salon de l'Aviation du Bourget en 1989. Des années plus tard, la série s'est augmentée du Mi-

28N optimisé pour le combat de nuit ou par mauvais temps pour lequel il est équipé d'un radar de mât sous radôme.

Ses missions principales sont résolument offensives dans le domaine de l'appui aérien rapproché : l'attaque des formations blindées, la suppression des défenses antiaériennes et le combat anti-hélicoptères.

Pour l'heure, n'étant pas vendu à l'exportation, sa construction est restreinte. Il est en service dans les forces armées russes et il est vraisemblable qu'il ait été expérimenté au combat pour tester sa capacité envers les impacts d'armes de calibre moyen et sa versatilité en situations particulièrement complexes.

▲ *Les Mil Mi-8 sont d'excellents appareils de transport. Leur saga a commencé depuis plus de vingt ans et ils sont bien partis pour encore vingt autres années si ce n'est davantage.*

◄ *L'apparition de l'Apache déclencha une prompte réponse soviétique. C'est dans ce contexte que le Mil Mi-28 vit le jour dont on remarque les turbines qui le propulsent et son capteur dans la partie supérieure du rotor.*

Caractéristiques techniques du Mi-28 Havoc

Prix :	Inconnu
Dimensions :	
Longueur (hors rotors)	17,01 m
Hauteur	4,70 m
Envergure	4,88 m
Diamètre du rotor principal	17,20 m
Surface du disque du rotor principal	232,35 m²
Poids :	
À vide	8.095 Kg
Maximal	11.660 Kg
Réservoir interne	1.665 l
Moteurs :	2 turbomoteurs Klimov TV3-117VM développant conjointement 4 140 CV
Prestations :	
Plafond pratique	5.800 m
Vitesse maximale	300 Km/h
Rayon d'action tactique	200 Km
Distance franchissable	1.100 Km
Facteur de charge	+3/-0, 5 g's

LE UH-1,
QUARANTE ANS DE SERVICE

◀ *Les UH-1Y sont du standard le plus moderne. Entrés en service en 2003, ils sont prévus durer jusqu'en 2030. Ils sont affectés au Marine Corps.*

▶ *Les plus récentes modernisations concernent principalement le poste de pilotage qui a reçu les dernières innovations techniques en avionique qui soulagent la charge de travail de l'équipage.*

Les différentes versions du UH-1, qui furent largement déployées pour le transport de troupes et de matériels au cours de la guerre du Vietnam, ont démontré leur valeur en accomplissant toutes les missions que doit être capable de réaliser un hélicoptère léger polyvalent. À ce jour, plus de seize milles appareils sont sortis des chaînes.

Conception

Bell travailla sur les spécifications de l'U.S. Army pour mettre au point un hélicoptère capable d'évacuer des blessés sur la ligne de front comme cela avait été expérimenté en Corée. Son projet reçut la désignation de Model 204.

L'évolution initiale

Au premier vol du XH-40, qui eut lieu le 22 octobre 1956, succéda une période d'essais dont les résultats encouragèrent la construction d'une demi-douzaine d'appareils à

des fins d'évaluation. À ces derniers succédèrent les neuf premiers UH-1 de série qui pouvaient transporter six personnes.

Populairement connues comme le Huey, les premières livraisons à l'armée américaine des UH-1A eurent lieu le 30 juin 1959 et se prolongèrent jusqu'en mars 1961. Les différentes versions reçurent un sobriquet pour la postérité :

- Slick pour la version transport de troupes.
- Hog pour la variante artillerie.
- Iroquois pour le type H multifonctions.

La version suivante, le UH-1B qui disposait d'un moteur plus puissant, commença à entrer en service en 1961. D'autres versions suivirent :

- Les 767 exemplaires du type C.
- Les 2 201 appareils D.
- Les versions E, appareils modifiés pour opérer à partir de bâtiments d'assaut amphibie.
- Le F destiné à l'aviation américaine.
- Les 5 345 unités de H, construits pour l'U. S. Army, au fuselage allongé et un moteur plus puissant.

Le modèle le plus récent conçu par Bell Helicopter Textron est le UH-1Y adopté par le corps des Marines. Cet appareil est biturbine, doté d'un radar FLIR à l'avant et d'autres systèmes qui prolongeront sa carrière opérationnelle jusqu'en 2030.

En service

La version H est la plus répandue dans le monde. Quelques utilisateurs militaires ont fait procéder à des adaptations sur les tableaux de bord et sur les équipements pour pouvoir opérer de nuit. Issues du modèle original, les diverses variantes se distinguent par une lettre qui traduit leur spécialisation :

▼ *Plusieurs pays emploient une version navalisée qui est la seule à disposer de deux turbomoteurs de façon à éliminer le risque fatal d'une panne lors du survol de la mer.*

▶ *Les H, qui se reconnaissent par quelques détails structurels, sont des engins fiables, robustes et très efficaces. Malgré les années qui commencent à s'allonger depuis leur conception, ils volent depuis des décades.*

- T pour la version d'entraînement avancé.
- E pour la reconnaissance électronique.
- H pour le sauvetage.
- R pour la recherche.

Des modèles biturbines sont fabriqués comme le UH-1N et le AB-212, et d'autres quadripales comme le Bell 412. Il est évident que ces derniers appareils n'ont plus grand chose en commun avec la version originale. Toutes versions confondues, le UH-1 est en service dans près d'une cinquantaine de pays. Ses principaux utilisateurs sont les États-Unis, le Brunei, la Finlande, Israël, la Norvège, l'Espagne, Taiwan et la Turquie qui l'emploient pour différentes missions.

Conception du design

Ces appareils sont conçus à partir d'un fuselage semi-monocoque à large section transversale construite en alliages légers et qui utilisent sauf le 412 un rotor à deux pales articulées.

Innovateur

Le Huey fut le premier hélicoptère de série doté d'un turbomoteur installé sur le fuselage et à proximité du rotor principal. Configuration qui permet de disposer d'une soute plus vaste.

Sa configuration comprend :

- Un habitacle avant pour le pilote et le copilote.
- Une cabine centrale pour des passagers ou des équipements.
- Une poutre de queue avec une dérive à flèche prononcée supportant le rotor de queue anticouple et un train d'atterrissage à patins lui permettant de se poser sur n'importe quel type de terrain.

La capacité de la version H autorise le transport d'une dizaine de soldats complètement équipés ou des civières ou une charge de une à deux tonnes soit à l'intérieur de la cabine soit sous élingue fixée sous le fuselage. Ses performances lui ont valu d'être intensivement employé lors des guerres du Vietnam, du Moyen-Orient, l'invasion de la Grenade et les campagnes de pacification au Kurdistan.

Configuration pour le combat

L'armement présente des options multiples, depuis les missiles antinavires Marte MK-2 dont sont dotés les Griffon italiens jusqu'aux couplages de mitrailleuses utilisés contre la guérilla colombienne.

Les différentes versions peuvent recevoir des affûts :

- Dans la cabine, des supports simples de mitrailleuses légères ou lourdes, des lance-grenades automatiques ou des mitrailleuses Gatling.
- À l'extérieur, tous types de paniers à roquettes, de mitrailleuses et de missiles antichars.

Caractéristiques techniques du UH-1H	
Prix :	6 millions de dollars
Dimensions :	
Longueur	13,59 m
Hauteur	4,41 m
Diamètre du rotor	14,63 m
Disque balayé par le rotor principal	168,10 m²
Poids :	
À vide	2.363 Kg
Maximal au décollage	4.309 Kg
Charge maximale externe	2.000 Kg
Carburant interne	945 l
Moteur :	Un turbomoteur Lycoming T53-L-13 d'une puissance de 1 400 CV
Prestations :	
Plafond pratique	3.840 m
Vitesse maximale	204 Km/h
Distance franchissable au niveau de la mer	512 Km
Rayon d'action avec réservoirs auxiliaires et à l'altitude de 1 120 m	800 Km

LE UH-60,
L'HÉLICOPTÈRE MILITAIRE LE PLUS POLYVALENT

◄ *Le fuselage de cet appareil est dimensionné pour qu'il puisse être livré en n'importe quel point du monde dans la soute d'un avion de transport stratégique de type Galaxy. Il suffit de démonter les pales et quelques redondances.*

La famille des Black Hawk résulte des enseignements tirés de la guerre du Vietnam. Il s'agit d'hélicoptères utilitaires de classe moyenne adaptés aux exigences modernes et qui ont donné lieu à un grand nombre de versions en dotation dans plusieurs armées.

La genèse

Ce modèle tire son origine de la publication du programme UTTAS (Utility Tactical Transport Aircraft System) qui préconisait un nouveau modèle de transport moyen.

Productions

Entre 1974 et 1975, les prototypes de Boeing Vertol et de Sikorsky Aircraft furent soumis à des évaluations. Le 23 décembre 1976, le YUH-60A de la seconde firme fut déclaré vainqueur. Il s'ensuivit une commande portant sur 15 exemplaires. La 101e division aéromobile de Fort Campbell, au Kentucky, réceptionna en 1979 les premières unités désignées UH-60A Black Hawk dont le rythme de production était de 10 exemplaires par mois. Depuis cette époque, plus de deux milles appareils sont sortis des chaînes.

Parmi les versions mises en service, l'une est spécialement adaptée à l'évacuation des blessés sur la ligne de feu. Elle emporte une demi-douzaine de civières et tout le personnel médical.

La version originale, le UH-60A :
- était conçue pour le transport de 11 soldats entièrement équipés en plus des trois membres d'équipage.
- devait aussi assumer des évacuations sanitaires, des reconnaissances, de l'appui feu rapproché, du soutien logistique et des missions d'interdiction du champ de bataille avec le dispensateur de mines Volcano. Pour ces tâches spécifiques, la version améliorée UH-60L sortira en 1989.

Citons des versions encore plus spécifiques :
- Le EH-60 de guerre électronique.
- Le MH-60 équipé d'armes et de systèmes propres aux opérations spéciales.
- Le HH/MG-60G Pave Hawk pour le SAR de combat au profit de pilotes abattus.
- Le SH-70 adapté à la lutte anti-sous-marine et antinavires de surface.
- Le VH-60 pour le transport de personnalités.
- Le UH-60Q Dustoff pour évacuation médicale de combat.

Les utilisateurs
Les possibilités de ce modèle sont telles que des missions aussi diverses que le transport du président des États-Unis ou de surveillance par la police turque. Ce potentiel de capacités a débouché sur des versions spécialement conçues pour des partenaires étrangers.

De ces versions, il faut distinguer :
- Les Desert Hawk des Saoudiens.

◀ *De petites dimensions, les deux turbomoteurs sont d'accès aisé et facilement démontables pour les opérations de maintenance nécessaires.*

▼ *Le poste de pilotage est conventionnel et loge deux pilotes. L'avionique de toutes les versions est régulièrement modernisée et maintient le standard de l'appareil au meilleur niveau.*

Afin d'augmenter son rayon d'action ou ses possibilités en mission de combat, des réservoirs auxiliaires externes sont placés sur des pylônes en position haute et légèrement décalés pour ne pas gêner la visibilité.

- Les S-70A-5 utilisés par les forces aériennes philippines.
- Les UH-60A Yanshuf constamment sur la brèche dans les actions militaires israéliennes.

Parmi d'autres pays qui comptent des versions de cet hélicoptère on relève l'Égypte, le Japon, la Jordanie, l'Argentine et le Maroc. Aux États-Unis, plusieurs agences gouvernementales et des unités de police et de sécurité emploient également les UH-60.

Caractéristiques

Les UH-60 et leurs dérivés, largement impliqués dans les interventions récentes – Somalie, Afghanistan, Irak – ont fait preuve que leurs caractéristiques leur permettent de maîtriser avec succès les exigences du champ de bataille moderne.

Protection et sécurité

- Dans sa construction interviennent des matériaux comme le titane, le Kevlar, le graphite et les fibres optiques qui, combinés, procurent au fuselage une considérable capacité de résistance aux impacts.
- Son train d'atterrissage est doté d'amortisseurs oléopneumatiques grâce auxquels il est capable de conserver 85% de sa structure lors d'une chute de 11,50 m/s à la verticale, de 9,1 m/s pour un impact latéral et 12,2 m/s pour un choc longitudinal.
- Les pales des deux rotors peuvent être traversées par des projectiles jusqu'au calibre de 23 mm sans subir de dommages irrémédiables.
- Les réservoirs de 1 361 litres résistent aux impacts et sont auto-obturants.
- Tous les systèmes électriques et hydrauliques sont doubles.

Caractéristiques techniques du UH-60L	
Prix :	5,87 millions de dollars
Dimensions :	
Longueur du fuselage	15,26 m
Hauteur	5,13 m
Diamètre du rotor principal	19,76 m
Volume de la cabine	11,61 m^3
Surface du disque du rotor principal	8,68 m^2
Poids :	
À vide	5.224 Kg
Maximal au décollage	11.113 Kg
Masse maximale interne	1.197 Kg
Masse extérieure max. sous élingue	3.629 Kg
Réservoirs internes	1.361 l
Capacité maximale en carburant	6.507 l
Moteurs :	2 turbomoteurs General Electric T700 GE-701C d'une puissance unitaire de 1 800 CV
Prestations :	
Plafond pratique	5.837 m
Vitesse maximale au niveau de la mer	361 Km/h
Vitesse de croisière	294 Km/h
Plafond stationnaire maximal	2.895 m
Distance au poids maximal	584 Km
Distance avec ravitaillement en vol	2.222 Km

◀ *Sa capacité de treuillage de plus de trois tonnes lui permet d'accomplir des missions logistiques et de soutien en terrains variés.*

▼ *Parmi les nombreuses missions qui leur sont confiées, les versions navales assument le sauvetage en mer. Le treuil de sauvetage sur le flanc droit de l'appareil est à cet effet.*

- Les parois latérales du poste de pilotage sont blindées ainsi que le fond des sièges.
- Le plancher de la cabine est renforcé pour amortir les impacts d'armes de petits calibres. Sa manœuvrabilité et sa puissance restent les meilleurs atouts de sa surviabilité. Depuis 1989, il est propulsé par deux turbomoteurs General Electric T700-GE-701C qui développent conjointement 3 600 CV. Ils entraînent un rotor principal en titane quadripales de 8 m de long et le rotor de queue également à 4 pales et implanté sur une section de dérive cambrée.

Capacités

Dépeint comme « un appareil conçu par des militaires pour des militaires », il représente le sommet de la technologie américaine et a démontré un niveau élevé de sécurité et de fiabilité lors de tous les engagements auxquels il a été confronté. Il est à la fois en service dans les armées de terre, les marines et les forces aériennes. Il possède des atouts supplémentaires à ses qualités intrinsèques :
- Ses pales et le rotor de queue sont repliables pour un embarquement à bord d'un navire et démontables dans le cas d'un aérotransport.
- Sa soute peut recevoir deux groupes de combat d'infanterie ou des artilleurs et caissons de munitions tandis que leur pièce de 105 mm est hélitreuillée sous l'appareil.
- Les versions navales sont dotées du FLIR, de sonars pendulaires et de lanceurs de bouées acoustiques dont les opérateurs assument le contrôle sur des consoles installées dans la cabine. Selon les besoins, ces modèles peuvent emporter divers systèmes d'armes.

LE SEA KNIGHT
TRANSPORT NAVAL

▶ *Quelques unités navales de soutien logistique embarquent ce type d'hélicoptère pour faciliter leur tâche. Ils sont surtout utilisés pour le transit de charges.*

▶▶ *La capacité d'emport interne et celle d'hélitreuiller une charge sous le fuselage lui confère une valeur certaine pour des missions logistiques dans un rayon limité.*

Largement utilisé comme vecteur d'assaut aéromobile depuis les bâtiments de l'U.S. Navy, le CH-46, avec ses trente ans de service, a démontré sa valeur comme transport de troupes et de matériels pour le compte du U.S. Marine Corps.

Son origine dans les années cinquante

C'est en 1956 que les bureaux d'études et d'ingénierie de la société Vertol s'attaquèrent à la réalisation d'un hélicoptère bimoteur de transport à missions utilitaires tant militaires que civiles.

Production

Désigné Model 107, le prototype fit son premier vol le 22 avril 1958. Peu de temps après l'évaluation des trois premiers exemplaires, le besoin se faisait sentir pour une version destinée à l'U.S. Army sous la désignation de CH-46A. L'armée s'en désintéressa pourtant au profit du CH-47 Chinook d'une capacité d'emport supérieure. Ce furent les U.S. Marines qui adoptèrent le CH-46 pour combler le manque d'hélicoptères opérationnels depuis les bâtiments d'assaut.

NAVY
72
65
NAVY
65

En février 1961, un contrat est signé pour la fourniture de 14 CH-46A destinés aux Marines.
Le premier vola le 16 octobre 1962. En 1964, la marine le sélectionna comme appareil de transport logistique et en 1965, la société japonaise Kawasaki commença à le construire sous licence pour les forces nippones d'autodéfense.
Les premières séries s'articulaient comme suit : 266 appareils du modèle D ; 186 modernisés de la version F ; à partir de 1977, dotés de nouveaux moteurs et systèmes étaient construits 300 exemplaires.
D'autres versions plus spécifiques apparurent comme le HH-46D et RH-46 respectivement employés pour le sauvetage et la chasse aux mines ; le KV-107II/IIA construit au Japon et exporté en Arabie Saoudite ; le CH-113 utilisé au Canada ; enfin, une version de lutte anti-sous-marine pour les Suédois.

Améliorations
Le CH-46 est surnommé Frog (grenouille) par ses équipages. Près de trois cents CH-46E Sea Knight sont en service chez les Marines et un peu moins dans la marine. Afin de les maintenir en service jusqu'à la fin de la présente décade, les deux armes ont procédé à des programmes de modernisation.

Ces modifications englobent :
- Le remplacement des pales de rotors.
- Une nouvelle motorisation plus puissante.
- Des renforcements de structure.
- L'adaptation à des atterrissages d'urgence.
- Des systèmes défensifs intégrant des éjecteurs de cartouches éclairantes et des émetteurs de contre-mesures électroniques.
- Une peinture de revêtement atténuant la signature infrarouge.
- Le renforcement de points sensibles par des plaques de blindage.

Moyennant ces changements et d'autres de moindre importance, les Sea Knight pourront maintenir leurs prestations jusqu'à l'introduction de leur remplaçant, le V-22.

Un design prouvé
Compact et encore capable de beaucoup, le CH-46 souffre néanmoins de performances limitées inhérentes à son ancienneté.

Une conception efficace
Par le fuselage construit en alliage d'aluminium et conçu pour obtenir un vaste espace interne et un accès pratique pour les cargaisons ou les hommes. Sa partie supérieure loge les cadres de renfort qui supportent les organes de transmission et la partie propulseur.
On accède à l'intérieur par une rampe arrière. De chaque côté, une rangée de sièges accueille vingt-six soldats avec leur équipement complet. La cabine peut recevoir tout l'impedimenta du combat d'infanterie depuis les missiles portables jusqu'aux munitions.
Sa capacité d'emport est de l'ordre de quatre tonnes grâce aux deux puissants turbomoteurs General Electric T58-GE-16, version améliorée du précédent propulseur.
Ces turbomoteurs entraînent deux rotors en

◄ *Les hommes des unités amphibies américaines l'emploient comme plateforme basique pour l'hélitransport et l'assaut aérien limité. Le comportement du Sea Knight dans ces deux types d'actions est bon mais il est marqué par un taux élevé d'accidents probablement dus à sa vétusté.*

▼ *La cellule du CH-46 a été modifiée de façon à lui permettre d'atterrir en cas d'urgence, recueillir des naufragés ou bien mettre à l'eau des embarcations. Ce cas n'est pas fréquent.*

tandem de grande dimension et qui tournent en sens opposé pour accentuer l'assiette en vol stationnaire.

Les pales des rotors se replient rapidement grâce à un système commandé depuis l'habitacle.

Caractéristiques techniques du CH-46E

Prix :	16 millions de dollars
Dimensions :	
Longueur	13,66 m
Hauteur	5,09 m
Diamètre de chaque rotor	15,24 m
Surface balayée par les rotors	364,60 m²
Surface de la cabine	16,72 m²
Poids :	
À vide	5.927 Kg
Maximal au décollage	10.433 Kg
Charge maximale interne	4.000 Kg
Réservoirs internes	3.786 l
Moteurs :	2 turbomoteurs General Electric T58 GE-16 d'une puissance totale de 3 740 CV
Prestations :	
Plafond pratique	4.265 m
Vitesse de croisière maximale	267 Km/h
Distance franchissable	383 Km

Tactiques

Contrairement à l'époque du Vietnam où les hélicoptères évoluaient à haute altitude pour éviter les tirs des armes individuelles et ceux des mitrailleuses légères, les procédures actuellement en vigueur se distinguent comme suit :

- TERF (Terrain Flight mission) séquence pendant laquelle l'appareil vole entre 15 et 50 mètres d'altitude en utilisant les accidents de terrain pour compliquer sa localisation.
- NOE (Nap of the Earth Flight), ou altitude inférieure à 15 mètres dans des couloirs préalablement reconnus. Afin de parfaire les tactiques et les capacités des équipages, les manœuvres CAX (Combined Ams eXercices) se déroulent régulièrement dans la zone désertique de Twentynine Palms en Californie.

LE CHINOOK
ET SA CAPACITÉ D'EMPORT

Parmi les particularités les plus évidentes qui permettent l'identification du Chinook à moyenne distance, citons son double rotor de grandes dimensions et le puissant volume sonore de ses propulseurs.

Le CH-47 faisait partie des plus puissants hélicoptères occidentaux. Il est encore capable de transporter n'importe quel genre de charge. Deux grands rotors qui tournent en sens inverse sont une des caractéristiques de cet aéronef. Sa carrière opérationnelle est bien remplie et depuis le Vietnam et les Falkland, il a fait preuve d'une fiabilité et d'une robustesse sans égale.

Origine

En 1957, l'industrie aéronautique américaine fut saisie du besoin de l'U.S. Army pour un hélicoptère lourd de transport. Boeing proposa en 1960 son projet désigné V-114 qui donnera lieu au YHC-1B puis, en 1962, au CH-47 Chinook.

Ses capacités s'imposent

Le YHC-1B décolla pour la première fois le 21 septembre 1961 et fut soumis à des essais comparatifs avec les prototypes d'autres avionneurs et qu'il remporta. La première version de série fut le CH-47A que réceptionna en août 1962 la 1re division aéromobile de cavalerie. Cette unité a déployé la majorité des 354 exemplaires construits de cette version.
Le 10 mai 1967, le CH-47B, doté de turbomoteurs plus puissants, faisait son introduction. En octobre de la même année, le CH-47C effectuait son premier vol et 270 appareils de cette version seront construits à partir du printemps 1968.
En 1973, un programme fut lancé pour la mise aux standards du C les 187 CH-47 des versions antérieures. La modernisation concerna principalement de nouvelles pales en matériaux composites et des systèmes pour faciliter et réduire le temps de maintenance et de révision technique. En 1980 un contrat est signé pour le CH-47D et qui sera renouve-

Les combats dans lesquels le Chinook est intervenu ont démontré sa parfaite adéquation avec les besoins militaires de quelque nature qu'ils soient.

lé en 1985, portant ainsi la production de cette version à 436 appareils.

Le Chinook est prévu pour rester en service jusqu'en 2025. Pour rencontrer cet objectif, divers programmes de modernisation porteront notamment sur l'amélioration des performances grâce à de nouveaux turbomoteurs et le réaménagement de la cabine.

Versions spécialisées

Développées à partir de la cellule de base et suivant l'exemple des AH-47 Gunship de l'ère vietnamienne, des versions spécifiques ont vu le jour :

- Le MH-47D du 160e régiment du commandement des forces spéciales.

Il est équipé d'une perche de ravitaillement en vol, de caméras thermiques, d'un radar météo, d'affûts multitubes de Minigun de 7,62 mm, de capteurs d'alerte radar et de systèmes de brouillage électronique.

- Le perfectionné Mk2 de Royal Air Force.
- Le Mk3 affecté aux forces spéciales britanniques. L'aviation légère de l'armée de terre espagnole (FAMET) possède quatre exemplaires spécialement modifiés pour l'infiltration et l'exfiltration de commandos.

Ces modifications qui s'ajoutent aux qualités de l'appareil de base ont suscité les commandes de l'Argentine, de l'Australie, des Pays-Bas, de la Corée du Sud, la Thaïlande plus d'autres pays. Que mille exemplaires soient en service dans le monde atteste la valeur du Chinook.

Caractéristiques notoires

Sa robustesse légendaire et sa capacité

▼ *Les Japonais l'ont fabriqué sous licence et l'utilisent en grand nombre. Il est mis à la disposition des forces terrestres d'autodéfense pour assumer des transports logistiques. Des exemplaires sont également déployés par la force aérienne.*

▼ ▼ *Parmi les récentes installations, un radôme externe abrite un détecteur d'alerte radar qui classe les menaces en fonction de leur distance et de leur site ainsi qu'un éjecteur de leurres thermiques destinés à la déception des missiles antiaériens.*

d'emport résultent de sa construction et de la puissance des moteurs et sont les facteurs les plus appréciés des forces armées qui mettent en œuvre cet hélicoptère.

Détails caractéristiques et optimisation

- Tout en métal avec section de fuselage constante, longue et vaste.
- Le fuselage est doté de cinq fenêtres d'observation ; d'une rampe de chargement permettant un déchargement rapide des personnels ou du matériel transporté ; un habitacle moderne avec panneaux coulissants facilitant l'évacuation des pilotes en cas d'urgence.
- L'obligation de voler tous temps a conduit à la dotation d'un radar altimétrique, d'une stabilisation automatique, d'un récepteur VOR, du Tacan, de systèmes complets de communications HF et UHF, d'un indicateur d'assiette, du système de navigation satellitaire GPS.

Les équipements électroniques dont il est truffé lui confèrent une grande précision et autorisent des vols en formation très serrée.

- Les deux puissants turbomoteurs implantés sous nacelles sur les côtés du bloc rotor arrière sont responsables des performances du Chinook. Il s'agit de deux Allied Signal T55-L-712 SBB de 4 314 CV de puissance unitaire et du modèle 714 qui porte le potentiel jusqu'à 4 867 CV en cas d'urgence. Ils entraînent deux rotors tripales de grande dimension et qui tournent à 225 révolutions/minute.

Conditions d'emploi

- Les vastes dimensions de la cabine (21 m2 de surface et 41 m2) autorisent plusieurs options pour le transport du personnel grâce aux deux rangées latérales de sièges qui peuvent accueillir 44 hommes complètement équipés (en cas extrême, 55 soldats peuvent prendre place dans la cabine).
- Par la rampe d'accès, des véhicules légers, des embarcations pneumatiques, des pièces d'artillerie ou des systèmes lance-missiles peuvent embarquer pour être aérotransportés. Cette configuration sert également pour le largage de parachutistes.
- Sous le fuselage, on trouve les systèmes d'accrochage de charge plus un crochet central d'emport de charge. Le crochet central peut enlever 11 973 Kg et ceux avant et arrière 7 711 Kg chacun. On peut les utiliser isolément ou en combinaison selon les besoins.
- Son autoprotection repose sur un capteur d'émissions radar, des éjecteurs de leurres thermiques et des affûts de mitrailleuses lourdes.

◀ *L'armée américaine dispose de plusieurs centaines de Chinook dont quelques dizaines d'exemplaires dotés de systèmes très sophistiqués et dévolus aux missions des opérateurs des forces spéciales.*

▶ *Le Chinook constitue un vecteur aérien très valorisant et particulièrement bien adapté à tous les usages. Toutefois, il a contre lui son prix et sa consommation élevée.*

Caractéristiques techniques du CH-47D

Prix :	30 millions de dollars
Dimensions :	
Longueur	30,14 m
Hauteur	5,78 m
Diamètre d'un rotor	18,29 m
Surface des disques des rotors	525,30 m^2
Superficie de flap	2,91 m^2
Poids :	
À vide	10.693 Kg
Maximal au décollage	24.494 Kg
Charge maximale	12.284 Kg
Carburant interne	3.902 l
Moteurs :	2 turbomoteurs Allied Signal T-55-L-714 d'une puissance totale de 8 336 CV
Prestations :	
Plafond pratique	3.095 m
Vitesse maximale	298 Km/h
Rayon d'action	185 Km

DU STALLION
AU SUPER STALLION

Le CH-53 s'est révélé comme l'hélicoptère, actuellement en service, avec la capacité d'emport la plus élevée en Occident. Ses performances et ses possibilités testées dans l'action, qui vont du sauvetage de combat comme celui du capitaine O'Grady aux évacuations de civils dans des pays secoués par des crises internes, lui valent un satisfecit.

Un modèle bien pensé

La gestation du projet Sikorsky S-65, qui conduira à la fabrication du CH-53, débuta en octobre 1960 à la requête du Marine Corps.

Un programme complexe

C'est le 7 mars 1962 que furent connues les spécifications de l'appel d'offres du programme HH (X) (Helicopter, Heavy, eXperimental) portant sur un appareil embarqué capable d'enlever une charge de 3 630 Kg sur une distance de 185 Km.

Des propositions émanant de Boeing, Kaman et Sikorsky, ce fut celle de ce dernier qui fut retenue en septembre 1962.

Le prototype YCH-53A vola le 14 octobre 1964 et subit avec succès toutes les épreuves d'évaluation. En septembre 1965, les Marines réceptionnaient les premiers exemplaires du lot de 141 CH-53A. La chaîne de fabrication sortit le modèle C au profit de l'U.S. Air Force et la version D pour les Marines tandis que la version G était fabriquée sous licence par les Allemands.

Aux versions initiales du Sea Stallion, succédèrent les versions suivantes à la motorisation plus poussée et adaptées à des missions spécifiques :

- Les HH-53H et MH-53J Pave Low de l'U.S. Air Force et consacré à la RESCO (sauvetage d'aviateurs abattus en territoire hostile).
- Le MH-53E Sea Dragon pour la lutte anti-mines marines.
- Le CH-53E Super Stallion à trois turbomoteurs et affecté aux Marines.

Améliorations

Depuis 1993, la firme israélienne MATA du consortium Israël Aircraft Industries était responsable de la modernisation des 40 exemplaires en service dans l'État hébreu pour les amener au standard CH-53-2000. Ainsi modernisés, les hélicoptères bénéficiaient :

▲ *L'habitacle offre aux pilotes une bonne visibilité. Ils disposent d'écrans numériques et de capteurs qui leur permettent de voler par n'importe quel temps.*

◄ *Les opérations amphibies, qui sont l'apanage des Marines, ont conduit à la création du Super Stallion plus moderne et aux capacités supérieures. Il devrait rester en service jusqu'en 2020.*

- D'une perche fixe de ravitaillement en vol.
- De deux réservoirs supplémentaires sur pylônes et d'une capacité de 4 000 litres.
- D'un système d'autodéfense reposant sur des éjecteurs de leurres thermiques et de brouilleurs électroniques.
- De la modification du tableau de bord avec l'ajout de consoles multifonctions et de systèmes de vision nocturne.
- D'une transformation permettant l'emport de charge jusqu'à 22 680 Kg.

Faits notoires de sa carrière opérationnelle

Le CH-53 est un des acteurs de toutes les récentes interventions armées depuis la guerre du Golfe de 1991 à la libération de l'Irak en 2003, sans omettre le Libéria et l'Albanie. Concernant les missions concrètes, mentionnons l'héliportage d'une batterie de missiles SAM égyptiens capturée par les paras israéliens et la malencontreuse tentative américaine de libération des otages en Iran.

Détails de fabrication

- Fuselage construit en aluminium, acier et titane.
- La cabine est en fibre de verre.
- Certaines parties sont recouvertes de panneaux agglomérés de fibres de polyamide et de titane qui augmentent sa résistance aux impacts.
- Intérieur vaste et facilement accessible.
- Une rampe arrière, actionnée hydrauliquement, facilite l'accès et la sortie des hommes et du matériel.
- Le train d'atterrissage constitué de trois diabolos escamotables dans des carénages latéraux et pourvus d'amortisseurs à capacité d'absorption de chocs élevée.
- Un treuil placé du côté droit au-dessus de la porte d'accès de l'équipage permet l'hélitreuillage de faibles charges ou la récupération de personnels.
- La propulsion de la version E est assurée par trois turbomoteurs General Electric T64-GE-416 –ou 419 pour certains appareils– équipés de filtres empêchant le sable et les débris divers de pénétrer dans les entrées d'air des moteurs.

Équipements sophistiqués

La modularité de la maintenance s'appuie sur des systèmes électroniques d'indication

de pannes ou de mal fonctionnement conjuguée à la facilité d'accès aux points sensibles ce qui conduit à une nette économie à tous les échelons d'entretien.

Chaque version intègre des systèmes concrets :

- Ceux des opérations spéciales peuvent évoluer en toute sécurité à très faible altitude.
- Ceux de la lutte anti-mines sont dotés de capteurs de détection même dans les pires conditions climatiques.

Toutes peuvent assurer leur autodéfense avec des missiles air-air. La plupart des CH-53 sont équipés de radars, de caméras thermiques, de perches de ravitaillement en vol, de systèmes d'alerte radar et infrarouge, d'affûts de mitrailleuses.

Certaines versions disposent de perche de ravitaillement en vol grâce auxquelles elles reçoivent du carburant d'un ravitailleur ce qui leur permet d'accroître considérablement leur rayon d'action.

Ses qualités de vol et son rayon d'action lui permettent d'évoluer en conditions contraignantes et de soutenir les troupes dans n'importe quel contexte. Des dizaines de CH-53 ont participé à l'opération Liberté pour l'Irak au printemps 2003.

Caractéristiques techniques du CH-53E

Prix :	24,36 millions de dollars
Dimensions :	
Longueur	30,19 m
Hauteur	8,97 m
Envergure	8,66 m
Surface du disque du rotor principal	455,38 m²
Surface du disque du rotor de queue	29,19 m²
Poids :	
À vide	15.072 Kg
Maximal au décollage avec charge	33.450 Kg
Charge maximal	16.330 Kg
Carburant interne	3.849 l
Carburant externe	4.921 l
Moteurs :	Trois turbomoteurs General Electric T64-GE-416 d'une puissance globale de 13 140 CV
Prestations :	
Plafond pratique	5.640 m
Vitesse maximale au niveau de la mer	315 Km/h
Distance franchissable	2.075 Km

LE SUPER PUMA
ET SES DÉRIVÉS

◄ *L'Espagne dispose d'une quarantaine de Puma, Super Puma et Cougar répartis entre l'armée de terre et la force aérienne. Mis en service il y a vingt ans, ils sont destinés à opérer pour encore dix à quinze années.*

► *L'une des versions les plus récentes est celle de la Resco. Elle est remarquable par ses moyens adaptés pour ce rôle.*

Les industriels français de la défense ont optimisé leur production aéronautique pour satisfaire la demande étrangère. Avec la lignée des Super Puma, ils ont parfaitement réussi à mettre au point un hélicoptère moyen de transport mais aussi capable de s'investir dans des opérations terrestres, navales et aériennes.

Origine

Le succès de l'hélicoptère de transport AS-330 Puma, dont plus de 700 exemplaires ont été construits et volent sur tous les continents, a conduit à la réalisation d'une version améliorée qui conserve les qualités de l'original.

L'évolution

C'est en 1974 que commencèrent les études de la nouvelle version d'un hélicoptère moyen de transport qui a tant contribué au renom de l'industrie française. Le prototype vola le 13 septembre 1978. Après les épreuves d'évaluation, la phase de fabrication du AS-332 Super Puma commença. La réception des premiers exemplaires intervint en milieu de 1981. En juillet 1983, apparaissait la version L avec un fuselage rallongé et en 1986, un nouveau turbomoteur – le Turbomeca Makila 1A1 – était adopté.

À partir de 1990, les appareils militaires reçurent la désignation de AS-532 Cougar. Les EC-725 – construits par Eurocopter – sont les derniers-nés de la lignée et les dix appareils sont destinés aux forces spéciales françaises qui viennent de percevoir les premiers et dont la livraison se poursuivra jusqu'en 2006. Le coût s'élève à 271 000 000 d'euros.

La génération des Super Puma a prouvé son utilité pour les missions de transport malgré les propos de détracteurs chez les militaires.

Ventes

Qu'il s'agisse des productions françaises de l'Aérospatiale ou des fabrications sous licence comme en Indonésie, en Espagne, en Turquie, en Suisse, toutes sont identifiées par un code qui caractérise leur fonction :

- U pour les appareils démilitarisés.
- A pour les appareils militaires.
- C pour appareil militaire à fuselage court.
- L pour fuselage vaste.
- S pour usage naval et à vocation anti-sous-marine et navires de surface.

Depuis 1993, la chaîne de production du modèle SA 532 fonctionne en parallèle avec celle du précédent SA 332.

Près de cinq cents d'exemplaires de toutes versions ont été commandés par soixante-dix pays. Quelques exemples :

Les deux larges portes latérales coulissantes sont représentative de ce type et facilitent les mouvements de personnel ou de matériel.

- La France dispose d'exemplaires dotés du radar Horizon de surveillance du champ de bataille et de 332 optimisés pour la Resco.
- L'Espagne avec plus de quarante appareils répartis entre ses forces aérienne et terrestre.
- Abu Dhabi qui déploie cinq exemplaires dotés de sonar et de missiles air- mer AM-39 Exocet ainsi que de torpilles.
- La Turquie avec une vingtaine d'appareils construits sous licence.
- Plus, entre autres, la Slovaquie, les Pays-Bas, Panama et le Mexique.

Deux sons de cloche

À ses partisans, qui valorisent une efficience de 98% lors de ses missions de soutien aux plateformes pétrolières de la mer du Nord, s'opposent les critiques de militaires déçus par ses prestations quotidiennes. La réalité veut que cet appareil français rencontre le succès et que les chaînes de fabrication tournent.

Configuration

- Fuselage vaste et de grande contenance, fabriqué en alliage d'aluminium renforcé par une structure en titane et éléments en matériaux composites.
- Deux pilotes se partagent l'habitacle. Un seul suffit en conditions météo favorables mais les vols IFR requièrent les deux.
- La partie centrale de la cabine peut recevoir 25 soldats avec leur équipement.
- Le rotor de queue comporte 5 pales.
- Sous le plancher de la cabine et répartis

le long du fuselage, cinq réservoirs d'une contenance de 1 497 litres pour la version UC et jusqu'à 2 141 litres pour la SC. En cas de besoin, d'autres réservoirs peuvent être installés dans la cabine et à l'extérieur augmentant de 2 000 litres le carburant emporté ; deux réservoirs auxiliaires de 650 litres peuvent encore être installés extérieurement pour des missions à longue distance.
- Il est propulsé par deux turbomoteurs Turbomeca Makila 1A1 munis de filtres polyvalents qui évitent l'ingestion de glace ou de sable. Les Makila1A2 de 2 109 CV équipent les exemplaires les plus récents et entraînent un rotor quadripales. Les pales du rotor principal sont en fibre de verre avec un revêtement en Moltoprène qui améliore la résistance aux impacts d'armes de calibre moyen. Le rotor de queue est construit en fibre de verre, résine époxy et titane.

Capacités
Il a d'abord été conçu pour le transport de troupes avec leur équipement, soit sur des banquettes soit à même le plancher.
Sa capacité d'emport est de 4,5 tonnes. Moyennant quelques équipements complémentaires, des versions spécialisées ont été extrapolées : pour la récupération au combat de pilotes abattus, version navalisée armée de missiles antinavires, version transport de personnalités, modèles à long rayon d'action munis de perche de ravitaillement en vol, version anti-sous-marine avec bouées acoustiques et sonar remorqué.

Le tableau de bord des versions récentes a été modernisé et inclus des écrans à affichage numérique.

Parmi les versions en service, certaines ont des pylônes de fixation pour divers armements : canon en nacelle, paniers à roquettes, missiles antinavires.

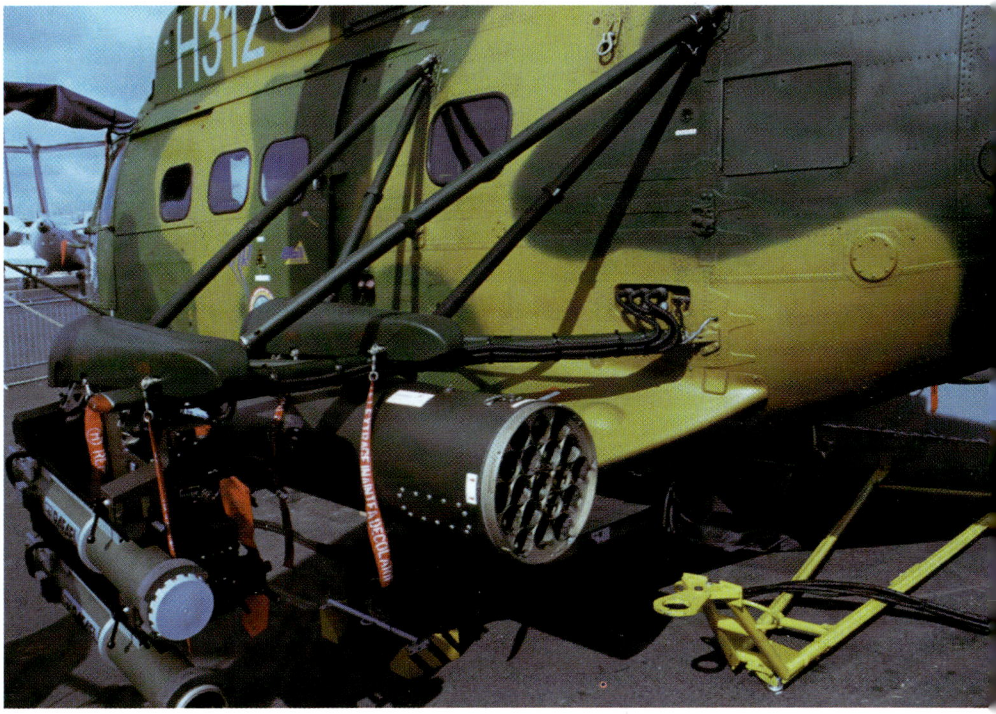

Caractéristiques techniques du AS-532SC

Prix :	De 14 a 18 millions de dollars
Dimensions :	
Longueur du fuselage	15,53 m
Hauteur	4,92 m
Diamètre du rotor principal	15,60 m
Surface du disque du rotor principal	191,13 m²
Surface de la cabine	7,80 m²
Poids :	
À vide	4.500 Kg
Maximal au décollage	9.350 Kg
Charge maximale externe	4.500 Kg
Capacité interne en carburant	2.141 l
Moteurs :	2 turbomoteurs Turbomeca Makila 1A1 d'une puissance globale de 3 754 CV
Prestations :	
Plafond pratique	4.100 m
Plafond stationnaire avec effet de sol	2.800 m
Vitesse maximale	278 Km/h
Distance franchissable	870 Km

LE V-22
OSPREY

Hélicoptère ou avion ? Voilà l'inévitable question que chacun se pose en regardant « l'engin ». En fait, il s'agit d'un appareil d'une technique révolutionnaire qui combine l'avantage du décollage vertical propre à l'hélicoptère tout en bénéficiant de la vitesse et du rayon d'action de l'avion par le seul fait de faire pivoter ses propulseurs en fonction du mode de vol désiré.

La solution technique qui présida à la conception de l'Osprey attira vite l'attention des forces armées américaines et plus précisément celle du Marine Corps pour qui le remplacement des vétustes CH-46 Sea Knight devenait crucial. Les qualités et performances révolutionnaires plus d'autres éléments intéressants hâtèrent sa sélection non sans que des problèmes significatifs – y compris de graves accidents – n'aient retardé sa mise en service.

Réalité ou fiction

Les antécédents de cet ambitieux programme puisent leur origine en août 1955 avec le premier vol du Bell XV-3 aux rotors pivotants et qui s'écrasa deux mois plus tard. Un second prototype permit d'avancer dans les investigations mais sans retombée commerciale. L'étape suivante se situe au milieu des années soixante-dix avec le Bell XV-15, techniquement plus élaboré, et conçu sous les auspices des forces armées américaines et la NASA.

Projet commun

C'est en 1981 que fut lancé le programme

▲ *Les appareils de présérie furent soumis à un programme strict d'épreuves pour solutionner les différents problèmes qui s'étaient présentés durant les dernières années.*

◄ *Cette vue frontale illustre bien les rotors tripales. La différence entre le V-22 et tout autre aéronef réside dans la disposition et les caractéristiques des propotors.*

de développement JVX (Joint Services Advanced Vertical Lift Aircraft) attribué à Bell et Boeing avec 200 millions de dollars à la clé pour son développement.

Peu après, la marine prit en charge la coordination et la gestion du programme qui, peu à peu, prenait corps pour se concrétiser, le 23 mai 1988, par la présentation du premier prototype du V-22 à l'usine de Arlington au Texas.

Le plan initial prévoyait l'acquisition de plus de huit cents exemplaires destinés à équiper les quatre armes des forces armées américaines et lesquels devaient entrer en service à partir de 1992. Les problèmes techniques retardèrent considérablement ces prévisions et il faudra attendre le printemps 1989 pour le premier vol d'un appareil de pré-série.

Accumulation de problèmes

La conception et la mise au point du programme initial furent émaillées de tant d'incidents que, en 1990, l'abandon du programme était sérieusement envisagé d'autant plus que les pressions du Congrès des États-Unis se faisaient insistantes.

Dans le même temps, les premiers prototypes furent livrés et soumis à des tests d'évaluations jusqu'à ce qu'un appareil subisse un accident suivi de l'accident d'un autre appareil l'année suivante.

Les pressions politiques, les décisions des militaires et d'un monolithique complexe indus-

La configuration du fuselage se prête aux sauts à ouverture automatique ou commandée. L'intérieur de la vaste cabine permet d'embarquer des charges en fonction de la nécessité tactique de la mission.

triel ont jalonné les années 90. Tout convergea pour la poursuite du programme et le corps des Marines se trouva dégagé du poids des deux accidents intervenus lors des évaluations et qui avaient engendrés de nombreux morts.

Performances incomparables

Bien que la conception de l'Osprey ait généré tant de problèmes –pannes des logiciels de contrôle de vol, fuites de liquide hydraulique dans les tubulures, anomalies structurelles, etc.– il en n'offrait pas moins des qualités incompatibles avec tous autres aéronefs et confortait la volonté du gouvernement américain de détenir le monopole d'une technologie, qui une fois mise au point, révolutionnerait la mobilité des forces voire le transport civil.

Caractéristiques de base

- Le V-22 est un aéronef à décollage et atterrissage court dotés de propulseurs pivotants qui le différencient fondamentalement des avions et hélicoptères conventionnels.
- Aux extrémités d'ailes sont implantées les deux nacelles moteurs T406-AD-400 d'une puissance maximale de 6 150 CV et qui entraînent des hélices/rotors tripales techniquement désignés «propotors ».
- L'angle variable des propulseurs est commandé par le pilote et va de la position horizontale à la verticale –position où le V-22 se comporte comme un hélicoptère classique– sauf au roulage où les nacelles sont automatiquement calées à 45° pour éviter que les pales ne frappent le sol.
- Grâce à la faculté de pouvoir faire pivoter ses propulseurs, cet aéronef peut évoluer à la fois comme un avion et un hélicoptère. Cette configuration lui permet d'assumer toutes les formes d'interventions tactiques propres à une voilure tournante tout en déployant une vitesse soutenue et un rayon d'action plus étendu en mode avion.
- Cette disposition lui offre une cellule conventionnelle mais à la capacité interne supérieure et d'un accès facilité.

■ *La rampe d'accès à la partie arrière du fuselage permet d'embarquer des charges jusqu'à sept tonnes.*

Solution complexe

Aux qualités déjà mentionnées, il faut ajouter la faculté du V-22 à replier ses ailes. Le gain d'espace ainsi obtenu lui permet d'être embarqué à bord de porte-avions ou de bâtiments d'assaut amphibies à partir desquels il assume ses missions tactiques.

L'un de ses inconvénients est l'espace qu'il requiert pour se poser en raison de l'envergure de ses rotors. Néanmoins, les Marines ne lui accordent pas plus d'importance compte tenu des avantages qu'il offre sur ses défauts.

Il est prévu :

- De le doter d'une perche de ravitaillement en vol qui lui permettra une autonomie pour franchir plus de 5 000 Km.
- D'incorporer un système de navigation tout temps.
- D'installer divers systèmes d'armes.

Actuellement, il intéresse l'U.S. Air Force qui compte l'employer pour des missions Resco (récupération de pilotes abattus en territoire hostile) et le Commandement des Forces Spéciales (USSOCM) pour l'insertion et l'extraction de commandos.

LES OPÉRATIONS
AÉROMOBILES

Le développement et l'évolution des hélicoptères ont créé de nouvelles fonctions au cours des périodes. Mais de toutes, se distingue l'héliportage d'hommes, de matériels et de systèmes d'armes.

Les précurseurs
Les expériences des Allemands et des Américains au cours de la Seconde Guerre mondiale débouchèrent ultérieurement sur l'engagement des voilures tournantes dans tous types d'interventions militaires.

Perspectives d'emploi
C'est au cours de la guerre de Corée que commença la consécration des hélicoptères dans l'accomplissement de missions variées. Les Vought-Sikorsky R-5 et les Bell M47 assumaient les évacuations sanitaires et les reconnaissances tandis que les Sikorsky S-55 se spécialisaient dans les missions de sauvetage et de transport sur le front grâce aux dimensions de sa cabine.
L'expérience américaine, largement confortée par celle des Français en Indochine, inspira l'étude de la viabilité d'utiliser les hélicoptères comme cavalerie de l'air. Les Français validèrent cette fonction avec le Piasecki H-21 et le Sikorsky S-58 en Algérie ; les Britanniques qui utilisèrent à Chypre le Bristol Sycamore contre les guérillas de l'EOKA. L'apogée se situe au Vietnam où les stratèges américains engagèrent tous les modèles de leur arsenal.

◄ *Lors des assauts amphibies, les hélicoptères déposent d'importants contingents de troupes d'infanterie de marine. Une fois la tête de pont assurée, les barges de débarquement et le gros du matériel suivent.*

▼ *Les appareils plus légers, comme ce Lynx britannique, peuvent déposer des groupes de combat spécialisés en toute discrétion.*

Les polyvalents UH-1 transportaient les sections au cœur du territoire adverse et attaquaient à la mitrailleuse et aux roquettes.
L'hélicoptère se révéla indispensable par ses sauvetages de pilotes abattus, les évacuations sanitaires, les opérations de soutien logistique et d'autres encore mais ceci n'alla pas sans pertes.

Assauts limités

Après les assauts héliportés ou enveloppement vertical et l'appui feu mis au point par les Français en Algérie et peaufinés par les Américains au Vietnam, l'armée de terre espagnole usa d'une tactique similaire contre le Front Polisario et les Marocains au début des années soixante-dix.
Ce genre d'actions se poursuivit avec les Britanniques aux Falkland et l'assaut américain sur la Grenade en 1983 et les Soviétiques en Afghanistan.
Toutes générèrent des pertes occasionnées par les armes légères.
La guerre du Golfe en 1991 démontra encore la valeur de l'hélicoptère comme moyen d'assaut notamment par son emploi par le XVIIIe corps aéromobile américain. Depuis, les hélicoptères sont de toutes les interventions armées ou de pacification comme en Afghanistan et en Irak.

Évolution de la doctrine

La doctrine d'emploi de l'hélicoptère dans les opérations aéromobiles a évolué en fonction de l'apparition de nouveaux modèles et des impératifs opérationnels.

Par le biais d'un câble, la descente en rappel est une technique qui permet aux soldats d'accéder au sol de façon furtive et sécurisée.

L'assaut aéromobile requiert un nombre variable d'hélicoptères de transport de troupes plus d'autres appareils de reconnaissance et d'attaque pour les appuyer.

Multiples missions

La capacité d'emport détermine la catégorie de l'hélicoptère : léger, moyen, lourd. Mobilité et flexibilité sont des facteurs déterminants pour qu'il puisse accomplir des missions :

- Tactiques, par le transport de troupes en un point donné pour une action déterminée ; pour occuper des sites importants ou des passages obligés ; pour exécuter des coups de main ; des opérations anti-guérilla ; l'interception de troupes ennemies ; couverture des flancs d'un dispositif ...
- Logistiques, par l'acheminement de matériels dans un site requis ou livrés en zone sensible.

Infiltration et hélitransport

Le premier type d'action consiste à voler au ras du sol en épousant les accidents de terrain pour limiter les risques de repérage et de préférence la nuit pour éliminer la localisation visuelle. Les infiltrations peuvent être aussi des reconnaissances profondes, la récupération d'équipes spéciales ou de patrouilles et la capture de matériel ou de personnel ennemi.

L'hélitransport concerne l'approvisionne-ment en munitions, vivres et carburant. Les moyens lourds sont utilisés pour déplacer des pièces d'artillerie et leur éviter des tirs de contrebatterie ou bien pour discrètement mettre en place des éléments d'infanterie.

LES HÉLICOPTÈRES NAVALS
AMÉRICAINS

Depuis les années cinquante, la doctrine américaine de maîtrise des mers s'appuie sur de puissants groupes de combat aéronavals. Pour en protéger les pièces maîtresses -les porte-avions-, des classes d'escorteurs comme les frégates et destroyers dotés d'hélicoptères spécialisés dans la lutte anti-sous-marine sont entrés en service.

Mise en service

Au cours des années cinquante, les Piasecki HUP-2S Retriever, HRS-2 et HSS-1 Seabee entrèrent en service. L'expérimentation de ces appareils conduisit l'U.S. Navy a signé un contrat avec Sikorsky pour la fabrication de dix exemplaires d'un type avancé, le YHSS-2, qui deviendra le SH-3A Sea King conçu pour la détection et la destruction des sous-marins soviétiques.

Acquisition

Parallèlement à l'entrée en service des 254 premiers Sea King, l'U.S. Navy réceptionnait le Kaman HU-2A Seasprite, hélicoptère léger pour missions SAR.Vint ensuite, la modernisation des Sea King par l'introduction, en 1967, de la version SH-3D aux moteurs plus puissants et dotée de systèmes actualisés comme le sonar AQS-13A et le radar Doppler APN-182.

L'introduction du concept LAMPS (Light Airborne Multi Purpose System) au début des années 70 résulte de la modification d'une partie des vingt Seasprite et désignée SH-2D. Ces appareils étaient équipés d'un radar de recherche Canadian Marconi LN-66HP installé dans un radôme de nez ou d'un détecteur d'anomalies magnétiques MAD Texas Instruments ASQ-81 en nacelle remorquée.

Pour l'opération Liberté pour l'Irak, les Australiens ont déployé leurs hélicoptères SH-3 Sea King. Ces appareils servent sans relâche avec distinction depuis des décades.

Les hélicoptères navals accomplissent une vaste gamme de missions qui vont du repérage des sous-marins au transfert de charges d'un navire à l'autre. L'infiltration de commandos est aussi de leur responsabilité.

Améliorations

À partir de 1982, une centaine de SH-2F reçut de nouveaux rotors et le train d'atterrissage rétractable fut modifié tandis que 116 SH-3H –version antérieure modifiée– entraient en service.

Cette même année, la fabrication des premiers SH-60B Seahawk LAMPS Mk III était lancée après l'évaluation des cinq prototypes depuis 1979. La mise en service de ce vecteur avancé permit de réformer des SH-3H et de l'affecter depuis 1991 au service sur porte-avions.

Pour une meilleure protection des unités de surface, le SH-60F, de protection rapprochée des groupes de combat aéronavals et munis de moyens de destruction performants, entra en service.

Cette version fut suivie par le SH-60R encore supérieur.

Suivant l'exemple de l'U.S. Navy, beaucoup d'autres pays ont adopté cet hélicoptère. Le SH-2G Super Seasprite a été commandé par l'Égypte, la Nouvelle-Zélande et l'Australie. À l'instar de ces nations, l'Espagne, le Japon, la Grèce, la Thaïlande et Taiwan alignent différentes versions du SH-60. Pour sa part, le SH-3 reste en service actif en Argentine, en Belgique, en Italie, en Inde et au Pakistan.

Le SH-3 accomplit encore de nombreuses missions avec succès. Pour le remplacer, de nouveaux projets sont à l'étude mais concernent des variantes du SH-60.

Le SH-60 se place comme le meilleur hélicoptère embarqué au monde et les nations riches l'ont adopté.

Les différences de potentiel

Les capacités propres à chaque version sont fonction des équipements et de l'époque de sa conception.

Caractéristiques distinctes

Que le Seahawk soit la version la plus avancée et la plus chère s'explique par :

- Une structure largement éprouvée.
- Deux puissants turbomoteurs navalisés General Electric T700-GE-410.
- Le système RAST d'arrimage qui lui permet de se poser sur les plateformes des bâtiments d'escorte.
- Une avionique actualisée.

Ses différentes configurations comprennent :

- Un radar de recherche.
- Un lanceur de bouées acoustiques.
- Un système d'investigation acoustique.
- Un sonar remorqué.

Suivant le même processus de modernisation que les modèles précédents, le Super Seasprite, pour un prix sensiblement inférieur, offre un panel de missions offensives qui auparavant étaient du ressort du Sea King lequel, malgré ses actualisations, présente des restrictions.

Moyens offensifs

La capacité des équipements de bord permet non seulement aux hélicoptères de localiser des objectifs en immersion et d'identifier ceux en surface mais de les attaquer ou de transmettre toutes les données au navire porteur.

Cet armement peut se composer de :

- Torpilles légères de 324 mm.
- Charges de profondeur y compris nucléaires.
- Missiles air-surface légers.

Caractéristiques techniques	SH-3 Sea King	SH-2F Seasprite	SH-60B Seahawk
Prix en dollars :	14 millions	12 millions	30 millions
Dimensions :			
Longueur	22,21 m	16,03 m	19,76 m
Hauteur	5,13 m	4,72 m	5,18 m
Diamètre du rotor principal	18,90 m	13,40 m	16,36 m
Surface du disque du rotor principal	280,48 m²	141,26 m²	210,14 m²
Poids :			
À vide	5.447 Kg	3.193 Kg	6.191 Kg
Maximal au décollage	9.752 Kg	6.123 Kg	9.926 Kg
Armement	1.300 Kg	500 Kg	500 Kg
Carburant interne	3.714 l	1.779 l	2.233 l
Puissance unitaire du propulseur :	3.320 CV	2.700 CV	3.380 CV
Prestations :			
Plafond pratique	4.410 m	6.860 m	5.790 m
Vitesse maximale	272 Km/h	230 Km/h	272 Km/h
Distance franchissable	1.482 K	661 Km	600 Km

LES HÉLICOPTÈRES NAVALS EUROPÉENS

Les hélicoptères français Dauphin se situent entre les légers et les moyens et peuvent remplir des missions spécifiques comme le sauvetage.

Les industries européennes ont produit plusieurs générations d'hélicoptères navals. Souvent embarqués sur des bâtiments de surface, ils couvrent des missions de lutte anti-sous-marine (ASW), anti-navires ASuW), des reconnaissances profondes, des missions de ravitaillement, des évacuations médicales (EVASAN) et du transport de personnels.

Introduction

Dans les années 50 et 60, il s'agissait de fabrication sous licence de matériel américain. L'expérience ainsi acquise a généré quelques réalisations les plus avancées sur le marché mondial actuel.

Processus évolutif

C'est en 1959 que la société Westland obtenait la licence de fabrication du Sikorsky S-61/SH-3 Sea King destiné à la Royal Navy. Au fil des ans, diverses versions spécialisées furent mises au point comme celle de surveillance aérienne avec le radar Searchwater et la Commando pour le convoyage de troupes. Postérieurement à son expérience de construction sous licence du SH-3 et d'autres modèles de la société américaine Bell, la firme italienne Agusta S.p.A. fabriqua une version du modèle 212 de lutte anti-sous-marine et désignée AB-212. Une centaine d'exemplaires ont été achetés par les marines italienne, grecque, irakienne, turque, vénézuelienne et espagnole.

Capacités propres

Les types de conception nationale ont bénéficié de l'expérience et de l'optimisation des appareils en service. Le premier fut l'hélicoptère léger Lynx, fruit de la collaboration franco-britannique (respectivement pour 30 et 70 %).

Il entra en fabrication en 1976 et continué à sortir des chaînes sous la désignation de série 300 ou Super Lynx.

Pour le remplacement des premiers modèles de Lynx et de quelques Sea King, les sociétés Westland et Augusta signèrent, en 1979, un protocole de construction d'un nouveau modèle dont le résultat fut le EH-101 Merlin qui vola pour la première fois en octobre 1987.

La réception des premiers exemplaires de série est intervenue à la fin du siècle. Les actuels commanditaires sont le Royaume-Uni, l'Italie, le Japon et le Canada.

Sur le marché international, on relève, du côté français, le très puissant Super Frelon et le plus léger Eurocopter AS 365N3 Dauphin 2 qui font partie de l'arsenal de plusieurs pays.

Détails

Chaque type mentionné a été conçu à des époques différentes avec des objectifs opérationnels distincts, leurs caractéristiques ne sont pas équivalentes.

▶ *Les Lynx sont de petits hélicoptères au succès commercial affirmé et sont en service dans des pays tels que le Royaume-Uni, la France, les Pays-Bas, le Portugal, le Danemark, l'Argentine, le Brésil et le Nigeria.*

Le AB-212 ASW

Il est construit par Augusta en Italie. Extrapolée du AB-205 pour son activité navale, sa cellule a été modifiée ce qui a permis l'installation :

- D'une turbine double Pratt & Whitney Canada PT6T-3 Turbo Twin Pac.
- D'un radar de veille sous radôme à l'aplomb de l'habitacle.
- D'un sonar AQS-18 remorqué à profondeurs variables et à basses fréquences.
- Un écran numérique pour l'opérateur systèmes d'armes.
- Traitement spécial anti-corrosion de la cellule.
- Patins d'atterrissage munis de flotteurs pour atterrissage d'urgence.
- D'un renforcement cellulaire pour connexion de pont.

Les garde-côtes américains utilisent des hélicoptères européens dont les Dauphin équipés de moteurs américains et cette expérience s'avère très positive.

Caractéristiques techniques

	AB-212 ASW	Lynx	EH-101 Merlin
Prix en dollars :	12 millions	22 millions	35 millions
Dimensions :			
Longueur du fuselage	17,40 m	15,17 m	22,81 m
Hauteur	4,53 m	3,48 m	6,62 m
Diamètre du rotor principal	14,63 m	12,80 m	18,59 m
Surface du disque du rotor principal	173,90 m²	128,71 m²	271,51 m²
Poids :			
À vide	3.240 Kg	2.740 Kg	7.121 Kg
Maximal au décollage	5.070 Kg	4.876 Kg	14.600 Kg
Emport maximal d'armement	800 Kg	700 Kg	960 Kg
Capacité interne en carburant	814 l	957 l	3.222 l
Puissance du moteur :	1.875 CV	2.240 CV	6.936 CV
Prestations :			
Plafond de service	4.023 m	3.230 m	5.000 m
Vitesse maximale	196 Km/h	232 Km/h	278 Km/h
Distance franchissable	667 K	500 Km	900 Km

▼ *Les Néerlandais emploient à partir de leurs frégates des hélicoptères Lynx qui assument une bonne part de la lutte anti-sous-marine et anti-surface.*

Le Lynx

Ce petit hélicoptère léger franco-britannique est construit en alliages légers pour le fuselage avec toutes les facilités d'accès habituelles mais ajoutant des panneaux d'accès en fibre de verre pour la maintenance. Ses caractéristiques sont les suivantes :

- Train d'atterrissage tricycle fixe.
- Habitacle muni d'équipements tous temps.
- Deux turbomoteurs Rolls-Royce Gem 2.
- Capacité d'emport pour une dizaine d'hommes.

Les modèles britanniques sont dotés de :

- Système GPS.
- Radar de veille et de poursuite GEC-Marconi pouvant détecter des objectifs de faibles dimensions par basse visibilité et mer forte.
- Caméra infrarouge dans le nez.
- Système d'alerte radar.

Les Lynx français sont armés avec :

- Des torpilles légères Murène.
- Charges de profondeur.
- Missiles antinavires AS-15TT.

Le Merlin

Il appartient à la troisième génération d'hélicoptères navals.

- Appareil de grand gabarit au fuselage construit en aluminium et lithium, matériaux composites et panneaux type « sandwich ».
- Il est capable d'opérer à partir de son navire porteur par vent de 90 Km/h et mer force 6.
- Il incorpore un système de connexion automatique avec le pont du porteur.
- Son rotor principal peut adopter une incidence négative pour faciliter la prise de contact en conditions extrêmes.
- Les deux membres d'équipage, installés dans des sièges blindés Martin-Baker, disposent d'un tableau de bord avec six écrans d'affichage numérique multifonctions.
- Les systèmes de recherche sous-marine et de surface sont les plus récents du marché.

LE POUVOIR OFFENSIF :
L'ARMEMENT

La nécessité d'appuyer les troupes au sol apparut dès l'introduction des premiers hélicoptères et amena l'installation de divers armements sur les modèles qui entraient en service.
Aujourd'hui, après validation sur le terrain de plusieurs concepts, l'implantation de plusieurs systèmes d'armes spécialisés s'est généralisée. Des armes air-sol aux missiles air-air, virtuellement chaque type d'hélicoptère peut recevoir un armement offensif.

Mitrailleuses et canons

Le concept le plus simple –car de coût réduit et simple à installer– consiste en un logement latéral avec une rotule qui facilite le mouvement transversal d'une mitrailleuse.

Plus élaborés et performants, les affûts américains comme le M134 comprennent six tubes rotatifs qui tirent des munitions de 7,62 x 51 au rythme de 6 000 à la minute.

Plus puissants que les précédents, les canons de 20 ou 30 mm s'emploient tantôt en montages fixes ou sous tourelle intégrée au porteur.

Parmi le premier type, on rencontre :
- Le Rheinmetall Rh-202 de 20 mm monté sur les BO-105 espagnols.
- Le GIAT M621 utilisé sur les appareils de transport français de la famille Puma.

Les seconds comprennent des modèles comme :
- Le canon tritube M197 du AH-1 Cobra.
- Le multifonctions M230 Chain Gun de 30 mm de l'Apache.
- Le soviétique 2A42 de 30 mm monté sur le Mi-28 Havoc.

Lance-roquettes et autres systèmes

Le marché offre des modèles de lance-roquettes économiques et simples d'utilisation. Il s'agit de conteneurs dans lesquels sont logés un nombre variable de roquettes et qui sont tirées sur un point précis d'une surface à l'aide d'un système de visée auxiliaire.

◄ *Les EC635 appartiennent à la nouvelle génération d'hélicoptères légers qui peuvent recevoir un armement qui leur confère une capacité offensive redoutable.*

▼ *Les missiles comme l'AS-15TT peuvent traiter un objectif à 10 Km lancés depuis un Dauphin, ils sont à même de détruire un navire de moyen tonnage.*

▲ *Les Penguin norvégiens sont des missiles antinavires de moyenne portée. Plusieurs pays en ont fait l'acquisition pour armer leurs hélicoptères SH-60 d'origine américaine.*

◄ *La nacelle canon, qui abrite l'arme et ses munitions, tend à se généraliser. C'est une solution simple et économique pour armer les appareils de transport moyen*

Cet hélicoptère est armé de quatre missiles air-mer dont les autodirecteurs – logés dans la tête – se verrouilleront sur les objectifs..

Le calibre varie du 37 au 81 mm ou 68 et 70 mm chez les Américains. Les roquettes suivent une trajectoire rectiligne et ont une portée de 1 à 2 Km.
En complément des armements précités, il existe des dispensateurs de mines antichars, des lance-grenades automatiques de 40 mm au tir commandé à distance ou par un opérateur et capables d'une cadence de tir de deux cents coups/minute et efficaces contre des véhicules non protégés ou peu blindés.

Missiles

Contre des objectifs présentant une résistance, le projectile idoine est le missile guidé à forte capacité de destruction et de haute précision, y compris contre des cibles en mouvement.
Ceux utilisés par les hélicoptères d'attaque sont principalement des missiles antichars qui sont guidés sur l'objectif par leur autodirecteur ou par fil ou liaison du vecteur. Ils sont qualifiés de moyenne portée s'ils peuvent frapper jusqu'à 4 Km et de longue portée pour une distance supérieure.

Les modèles les plus courants sont :
- Les HOT franco-allemands.
- Les TOW et Hellfire américains.
- Les Spiral soviétiques.
- Les Swift sud-africains.
- Les Maverick d'une portée de plusieurs dizaines de kilomètres.

Pour le combat air-air, les principaux sont :
- Les Mistral français.
- Les Stinger américains.
- Les V3 Kukri sud-africains.
- Les Startreak britanniques.
- Les QW-1 chinois.
- Les soviétiques SA-7 Grail, SA-14 Gremlin, SA-16 Gimlet, SA-18 Grouse.

Ces missiles permettent à une voilure tournante d'affronter d'autres hélicoptères ou des avions s'ils n'appartiennent pas à la dernière génération.

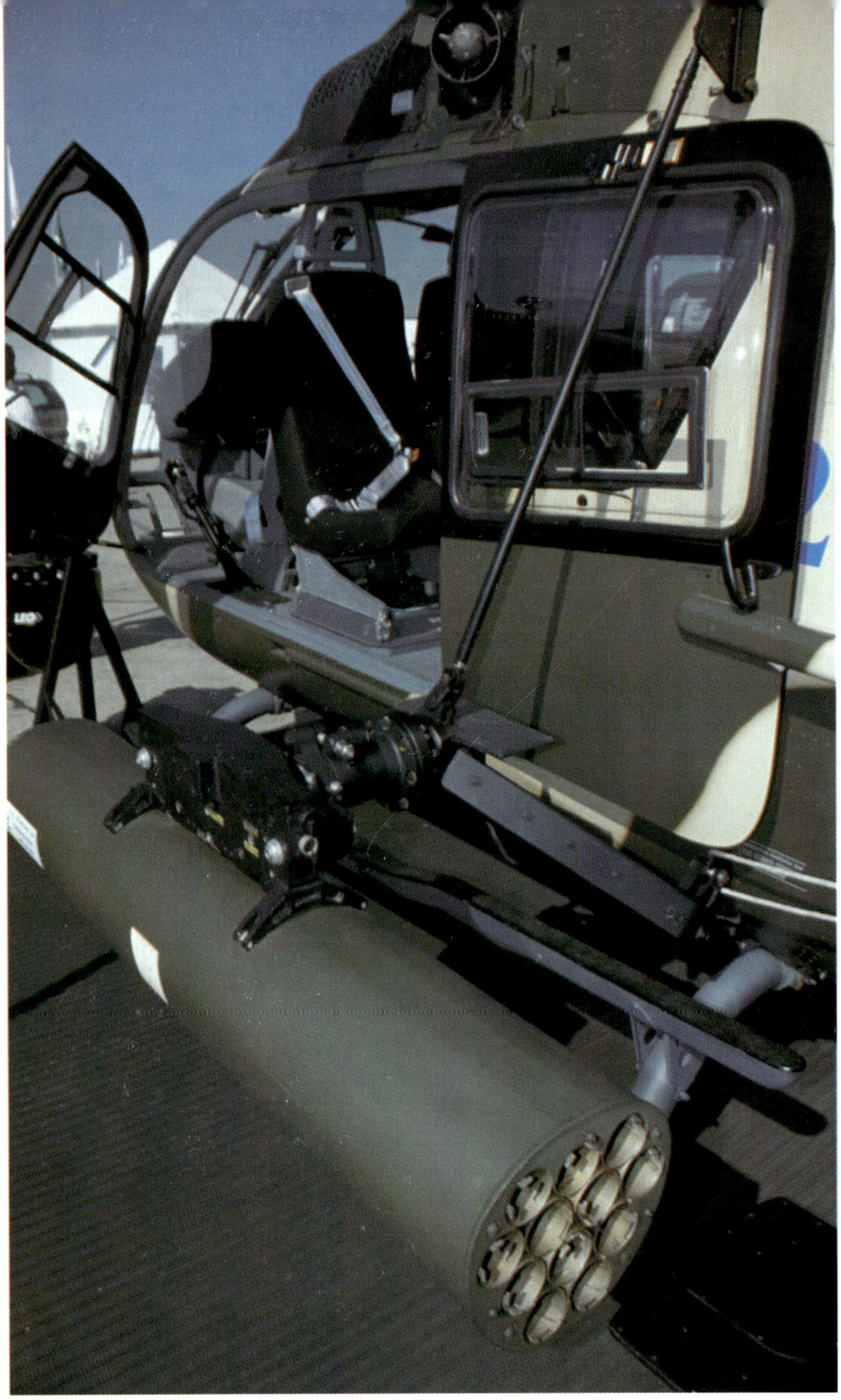

◄ *Pour tirer des roquettes, l'une des solutions les plus simples est l'installation de paniers aux flancs du fuselage. Le système de visée optique est rudimentaire.*

► *Les missiles antichars HOT détruisent n'importe quel char de combat jusqu'à 4 Km. Le lanceur, en l'occurrence une Gazelle, bénéficie ainsi d'une marge de sécurité.*

► ▼ *Les Spike sont les derniers-nés de la nouvelle génération de missiles air-sol israéliens destinés aux hélicoptères de combat. Ses performances le placent parmi les meilleurs engins du marché.*

Armes navales

Un sous-marin surpris en surface peut être attaqué à la mitrailleuse, au canon, aux roquettes.

Mais comme il navigue généralement en immersion, son attaque requiert des armements spécifiques :

- Les torpilles légères –généralement de 324 mm– américaines Mk-46 et Mk-50.
- Les torpilles suédoises type 43.
- Les A-244/S italiennes, capables de frapper à 6,500 Km.
- Les britanniques Sting Ray.

Les bâtiments de surface sont attaqués avec des missiles air-mer dirigés depuis l'hélicoptère lanceur ou de façon autonome grâce à leur autodirecteur.

Parmi les premiers dont la portée est inférieure à 20 Km, citons :

- L'Aérospatiale AS-15TT.
- Le Sea Skua britannique.
- Le Penguin norvégien.
- L'italien Marte 2.

Parmi les seconds qui ont une portée supérieure à 50 Km, figurent :

- L'AM.39 Exocet qui équipe les Super Frelon français.
- Le Sea Eagle britannique monté sur les Sea King de la marine indienne.

Enfin, signalons que les hélicoptères peuvent mener aussi des missions de mouillage de mines comme :

- La Mk 11 britannique.
- Les américaines Mk36 ou B57 à ogive nucléaire.
- Les suédoises SAM 204.

armée de

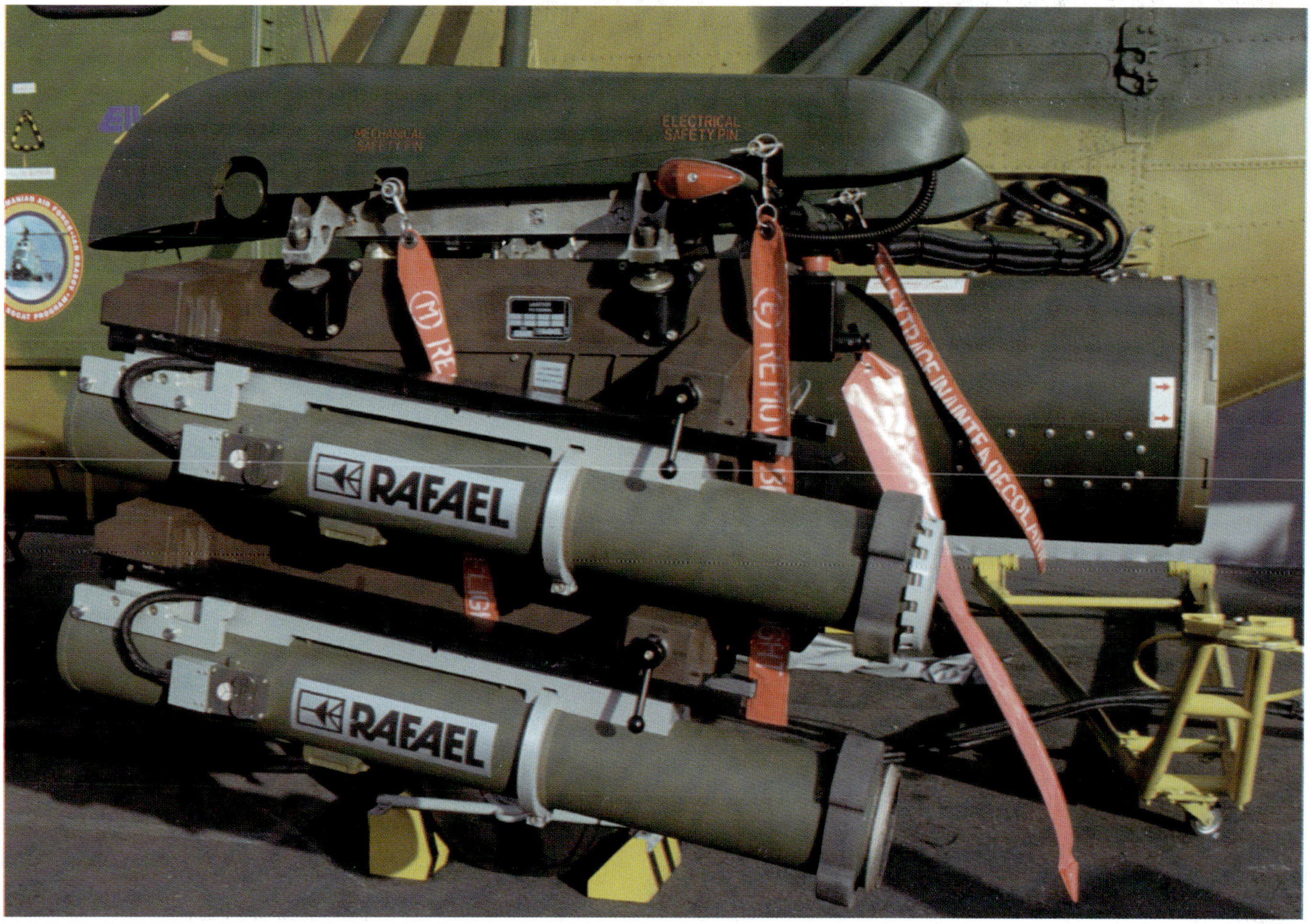
MECHANICAL
SAFETY PIN
ELECTRICAL
SAFETY PIN
RAFAEL
RAFAEL

Crédits photographie

AVIONS DE COMBAT

Lockheed Martín :
10, 74, 75, 76, 77, 78, 79

Matra BAE Dynamics :
19, 44, 56

Mc Donell Douglas :
69, 70

Octavio Díez :
11, 12, 18, 22, 24, 26, 27, 28, 29, 30, 31, 32, 34, 35, 37, 38, 39, 40, 41, 42, 43, 50, 52, 53, 54, 57, 58, 61, 62,63, 66, 68, 72, 73, 80, 81, 83, 87, 88, 89, 90, 91, 92

Saab-BAE :
45, 47, 48

U.S. Navy :
36, 55

Reste des photographies :
Octavio Díez, Northrop Grumman, Alenia Aerospazio, Aerospatiale Matra, Alenia Marconi Systems, Lockheed Martin, McDonnel Douglas, Metra BAE Dynamics, Saab-British Aerospace, BAE Systems et U.S. Navy.

AVIONS SPÉCIAUX DE COMBAT

Airbus :
142, 143

BAE Systems :
128, 155, 156, 157

EADS :
107, 108, 109, 110, 111, 131

U.S. Navy :
112, 113, 134, 135, 136, 137, 138, 139, 140, 141, 153, 168, 190, 191, 192, 193

USAF :
114, 117, 118, 119, 120, 121, 122, 123, 124, 125, 126, 127, 143, 146, 147, 169, 171, 172, 173, 180, 182, 187

Ministère Australien de la Défense :
132, 133, 144, 145, 152

François Robineau, Dassault Aviation :
160, 161, 188, 189

Boeing :
166, 167

Northrop Grumman :
173, 174, 175, 176, 177, 181, 182, 185

Reste des photographies :
Octavio Díez, Aermacchi, Avions Marcel Dassault, MAPO, Artur Sarkisyan, NATO, Motorota.

HÉLICOPTÈRES DE COMBAT

Boeing :
204, 205

Ministère Japonais de la Défense :
253

Octavio Díez :
199, 202, 203, 208, 209, 226, 227, 233, 234, 235, 238, 239, 241, 254, 255, 260, 265, 281, 286, 287

Reste des photographies :
Aerospatiale Matra, Agusta-Westland, Bell/Agusta, Bell Helicopter, Boeing, Octavio Díez, DoD, Eurocopter, MBDA, Ministère Australien de la Défense, Ministère de la Défense britannique, Sikorsky, U.S. Air Force, U.S. Marines, U.S. Navy.